TRAICTE DES CHEVAVX

DES DIÉ ALA NOBLESSE
FRANCOISE,

Par. R. Baret, Sieur de Rouuray,
Gentilhomme Tourangeau.

Briot fe

A PARIS
Chez I. BAPTISTE LOYSON, ruë
Saint Iacques à la Croix d'Or Royale.
M.DC. LX.

(2)

TRAITÉ
DE LA CONNOISSANCE
DES CHEVAVX
IVGEMENT DE LEVRS MALADIES,
ET REMEDES D'ICELLES,
Diuisé en trois Parties.

L A premiere eſt du Poulin, de ſes poils & marques, de la beauté & bonté du Cheual, de ſes infirmitez & aage,

La ſeconde, de la Connoiſſance des Maladies des Cheuaux qui ſe peuuent iuger & connoiſtre au doit & à l'œil.

La troiſieſme des Remedes neceſſaires & pratiquez, tant pour la guariſon des Cheuaux, qu'entretien d'iceux.

TOVT A DIEV ET AV ROY

A LA NOBLESSE FRANCOISE

GENEREVSE NOBLESSE,

Sçachant qu'vn de vos plus grands con-
tentemens consiste à vous monter des plus beaux,
& meilleurs Cheuaux qu'il vous est possible de
recouurer, pour sur iceux, dans le milieu des plus
grands & perilleux combats, faire paroistre vostre
braue & Martial courage; ce m'a obligé de cher-
cher auec soin les moyens pour les conseruer en san-
té, & guarir estans malades, afin de vous liberer
doresnauant de certains Mareschaux de Village,
plus sçauans à les enuoyer à la voirie, qu'à les
rendre gaillards & dispos (n'entendant toutefois

ã. iij

parmy les ignorans comprendre les bons Maiſtres)
& apres auoir tiré des plus experts en cét art, ce
qui m'a eſté poſible, ie vous ay voulu offrir de
pareil cœur, que deſire vous demeurer,

INVINCIBLE NOBLESSE,

Voſtre tres-humble & affectionné ſeruiteur,
R. BARET, *ſieur de Rouuray, Gentil-*
homme Tourangeau.

EXTRAIT DV PRIVILEGE DV ROY.

PAr Grace & Priuilege du Roy, ſigné DV FRESNE, il eſt permis
à IEAN BAPTISTE LOYSON Marchand Libraire à Paris,
d'imprimer, ou faire imprimer, vendre & debiter vn Liure intitulé
Le Traité de la Connoiſſançe des Cheuaux, iugement de leurs Mala-
dies, & remedes d'icelles : Diuiſé en trois Parties : Compoſé par R.
BARET Sieur de Roùvray : Et deffenſes à tous autres Imprimeurs,
Libraires, & à toutes perſonnes de quel condition & qualité qu'elles
ſoient d'imprimer ou faire imprimer ledit Liure, ny meſme d'en vendre
de contrefaits, & de faire imprimer ſur l'ancienne coppie, durant le
temps & eſpace de quinze années entieres & accomplies, à peine de trois
mille liures d'amende, & de tous deſpens, dommages & intereſts par
chacun des contreuenans. Donné à Paris le 14. iour de Nouem-
bre 1660.

Ceste figure a esté faicte auec ces lignes pour faire voir promptement sur vn cheual le vray lieu où partie des maladies cy apres descriptes se peuuent iuger et cognoistre

Auiue
Gourm
Surdar
Morue
Siron
Ampa
Barbe
Esquin nie
Antico
Suro.
Antor
Seme o crapau dine

Galle
Gras fondu
Esparuin
Courbe, Arreste
Mule grappe et Chap pelets
Jauard
En cor deure
Briee feve

En cast aleur é et atteinte | Enclojieure | Soulandre | For bu | Pousif, et corbature | Malandres

LA PARFAITE
CONNOISSANCE
DES CHEVAVX,
ET IVGEMENT
DE LEVRS MALADIES.

Où il eſt traité du Poulain, de ſes poils & marques, de ſa beauté & bonté, de ſes infirmitez & aage, de toutes ſes maladies qui ſe peuuent connoiſtre au doigt & à l'œil.

AVEC

Les Remedes neceſſaires & pratiquez, tant pour leur gueriſon qu'entretien d'iceux.

Nouuellement mis en lumiere par R. BARET Sieur de ROVVRAY.

DEDIE' A LA NOBLESSE FRANCOISE.

A PARIS,

Chez IEAN BAPTISTE LOYSON, ruē Sainct Iacques, à la Croix Royale.

M. DC. LXI.
AVEC PRIVILEGE DV ROY.

DE LA CONNOISSANCE
ET IVGEMENT.
DES CHEVAVX·
PREMIERE PARTIE.

EESIRANT traitter en ce mien petit œuure du plus noble & vtile animal qui soit entre tous les animaux irraisonnables, tant de sa connoissance, jugement de ses maladies que guerison d'icelles. Ie commeceray à parler dudit animal estant Poulain, auec les considerations suiuantes pour le bien choisir.

Du Iugement & esperance du Poulain.

L sera necessaire en premier lieu de sçauoir, si faire se peut, si le Poulain est sorty de bonne race, voire s'il est bien marqué, dispost, gaillard, & de gentil maniement : estant certain que ceux qui font paroistre quelque promptitude & viuacité, sont ceux de qui l'on doit plus esperer, estans couuerts des bons poils cy-aprés escrits.

A

2 **De la cognoissance**

DES BONS ET MAVVAIS POILS.

Du poil Bay.

Le Cheual Bay, Caſtain ou Chaſtenier, & celuy qui n'eſt tant obſcur, ayant les jambes, crain & queuë noire, auec viuacité de couleur, doit eſtre tenu pour tres-bon, le Bay clair n'eſt tant à eſtimer, il y a d'autres Bays clairs & mornes, ayant aucuns le ventre fauue, autres lauez qui ſont de peu de valeur, le Bay doré n'eſt à mépriſer.

Du poil Gris.

Le Cheual Gris pomelé ſur noir, & l'argent ſont à eſtimer, les Gris ſales & obſcurs, non ſur noir, mais jaunaſtres, auec quelque moucheture qu'aucuns appellent d'eſtourneau, ſont ſujets à perdre la veuë. Pour les Gris mélez de Blanc ou de Iaune, ne doiuent plaire, d'autant qu'ils ſont de peu de trauail.

Du poil Roüan.

Le Cheual Roüan ſur noir, ayant la teſte, jambes, crain & queuë noire, que les Eſpagnols appellent *Cauezedimore*, doit eſtre tenu pour tres-bon. Le Roüan ſur Rouge n'eſt ſi bon.

Du poil Aleſan.

L'Aleſan obſcur ou bruſlé, & celuy qui en approche, ſi le Cheual eſt accompagné de bonnes marques, ayant la couleur viue & les extremitez noires, doit étre tenu pour bon. Le clair n'eſt beaucoup à eſtimer, la pluſpart des Aleſans ſont fort ſenſibles, tant de poincture que de bleſſure.

Du poil Noir

Le Cheual Noir, dit Moreau, vif & bien teint,

qué ou non marqué, n'eſt à meſpriſer, le mal-teinct
doit deſplaire pour le Cheual eſtre ordinairment
de double cœur.

Du poil de Cerf.

Le poil de Cerf, dont toutes les extremités du
Cheual ſont noirs, & les jambes vergettées, eſt à
eſtimer, pour les autres poils de Cerf, quand les Cha-
uaux ontles flancs laués, ſont du tout à meſpriſer.

Du poil Louuet.

Le Louuet, dont toutes les extremités ſont
noires, & les jambes vergettées ſe trouue ordinairement le Cheual bon.

Du poil de Soury.

Le Cheual portant poil de Soury, ſi les extremités
en ſont noires, pourra ſe trouuer bon.

Du poil Fauue.

Le Cheual Fauue d'entre couleur de poil de Cerf,
& de Soury, dont aucuns ſont meſlés, n'eſt baucoup
à priſer.

Du poil Aubere.

L'Aubere eſt beau, & plaiſt le Cheual à la veüe: mais
les jambes luy faillent ordinairement au beſoin.

Du poil Blanc.

Le Cheual Blác paroiſt beau: mais il eſt de peu de
force & de trauail, & ordinairement malheureux,
s'il eſt mouchetté vers la teſte, cól & eſpaule, il en
doit eſtre beaucoup plus eſtimé, & meſ-eſtimé du
tout, s'il n'eſt mouchetté que ſur le derrere.

Des Pies.

Il y a des Cheuaux Pie, de diuers poils, dont on en

doit faire beaucoup d'eſtime, ſi ce n'eſt de quelque
belle Haquenée, pour ſe promener plus par para-
de qu'autrement.

Du poil Rubican.

Le Rubican ſe trouue ordinairement bon, princi-
palemét quand les poils blancs ſont vers la croupe.

Du poil iaune doré.

Il y a des iaunes dorez, quand les Cheuaux ont les
extremitez noires, & le poil bien vif, qui ſe trou-
uent communement tres bons.

❧❧❧❧❧❧❧❧❧❧❧

AYANT ESCRIT LES BONS ET
mauuais poils, i'ay voulu auſſi eſcrire les bonnes &
mauuaiſes marques, tant des Balſanes, qui ſont
marques Blanches au front, bras & iambes,
celle du front, dite Eſtoille, que des eſpis.

Des bonnes marques.

LE pied ſeneſtre blanc eſtoillé ou non eſtoillé,
le balſan des deux pieds, auec ou ſans eſtoillé.
Le balſan des 2. pieds & d'vn bras eſtoillé ou non,
ſont à eſtimer. Le balſan des pieds & bras auec
eſtoille, ou ſans eſtoille, eſt ordinairement fort leger, les eſpis dans le milieu du front au col, & vers
la crouppe que le Cheual ne peut voir, ſont à eſtimer, & les petites balſanes plus que les grandes.

Des mauuaiſes marques.

Le pied blanc dextre, & le bras ſeneſtre, appellé
trnſt rauat, le balſan d'vn pied, & des deux bras

ou de l'vn eſt à meſpriſer, & ſur tout le balſan du pied droict, les eſpis du flanc & eſpaule ne vallent rien, s'ils ſont extraordinaires.

APRES AVOIR PARLE' DV POVLAIN,
des bons & mauuais poils , bonnes & mauuaiſes mar-
ques d'iceluy, ay deſiré eſcrire la beauté de
toutes les parties du corps du Cheual
en particulier.

De la beauté des parties du Cheual.

DOit le cheual pour eſtre beau, auoir la teſte petite & ſeiche, les oreilles petites, terues
& pointues, le frõt ample & ſec, les yeux gros, noirs,
& ſortans cõme ceux d'vn bœuf, les tẽples moyen-
nes & ſeiches, les machoires deſliées, & maigres, les
nazeaux grands & ouuerts, la bouche bien fendue,
les leures vn peu tombantes, les ianciues delicates &
larges de l'vne à l'autre, le col ny trop long ny trop
court, mais proportioné au corps du Cheual, le ca-
nal large, beau crain & delicat, vuide de gorge, ayãt
toutesfois égard du courcier au genet, l'eſtomach
large non trop chargé de chair, court d'eſchine ou
d'eſquine, les épaules lõgues, larges & bienfournies,
le ventre large, non trop bas ſur le deuãt, la croupe
moyennement longue, ronde & large de trauers à
portion, les cuiſſes groſſes, lõgues, charnues & vui-
dées par le dedans, iuſques ſur le iarret, les coüillõs
petits & tetrouſſez, les iambes larges d'os & de nerfs,

A iij

ǫtures ſemblables à celle d'vn Bœuf & ſeiches, les
paturons courts, peu couuerts de poil, qui ne plient
ſur le talon, les pieds & bras ne trop grands ne trop
petits, l'ongle ou ſabot caue bien vny, & ſans cercle
le talon haut & ample, la fourchette large, pour les
Cheuaux de legere taille principalement, les nœuds
de la queuë courts, & ladite queuë pleine de grand
& beau crain.

*RÊ3*ÊÊ3*ÊÊ3*ÊÊ3*ÊÊ3*ÊÊÊ3*ÊÊ3*ÊÊ3*ÊÊ3*ÊÊ3*

Reſte à faire veoir de ceſte premiere partie les qualitez
requiſes & neceſſaires au Cheual pour ſeruir l'Homme,
chef raiſonnable de tous les Animaux; ſes infirmitez
& ſon âge.

Les qualitez d'vn bon Chaual.

EN premier lieu, doit le Cheual bien trotter,
galoper & courir, auoir bonne bouche &
bonne eſquine, ſe leuer de grace, bien manier ſes
joinǫtures eſgallement, tant celles de deuant, que
celles de derriere, doit eſtre courageux, prompt au
picquer, tourner à toutes mains, auec juſteſſe, ſans
ſe pancher non plus d'vn coſté que d'autre, ſi ſon
manege eſt terre à terre, la bouche en doit eſtre
bonne, s'il eſt d'air releué, n'eſtant ſi bonne, l'on ne
laiſſera de s'en ayder, doit porter ſa teſte ferme en
bon lieu, non trop haute, ne trop baſſe, dautant que
l'vn & l'autre ſeroient vicieux, ne doit tirer aucune
ruade, ſinon pour faire capriolles en eſtant recherché, ne doit joüer de la queuë eſtant choſe vilaine,

& sur tout ne doit estre retif:car souuent tels Cheuaux ont causé à leur Maistre de leur faire perdre, &
l'honneur de la vie, le Cheual prompt & ardent est
plus propre au jeune homme qu'au vieil, & plus au
jeune pour paroistre, que pour le seruir en guerre.

Infirmitez du Cheual, dont le Caualier se doit pendre garde l'acheptant.

PRemierement, que le Cheual n'aye de mauuais
yeux, que ses nazeaux soient sans morue, son
corps sans farcin, qu'il n'aye douleur d'espaule ny
de hanche:qu'il ne soit poussif, courbattu ne forbu.
Que les jambes soient saines & nettes de malandres,
soulandres, courbes, esperuins, suros, pourreaux
jauarts, arrester, grappes, patenostre, & mulle tra-
uersaine, que le talon soit haut, non serré, ne en
castellé, que l'ongle soit poly, sans cercle, saimes
ne crapaudine.

Marque de l'aage du Cheual.

A trente mois les quatre dents de deuant que l'on
appelle prince, comencent à deschauffer, tombent,
& en vient d'autre en leur place, que l'on appelle
dents de trois ans : à trois ans & demy, les quatre
dens proche de celles de trois ans commencent à
deschauffer, tombent & sont poussées par celles de
quatre ans : au quatriesme an & demy les quatre
coings deschauffent, tobent & sont poussez par les
denst de cinq ans; au sixiesme an les dents sont
pleines, excepté au milieu où il reste vne petite mar-

ques au feptiéme an, les dents font égalles & razées.
Il eft à noter que les dents qui naiffent en la place
des dents de laict, viennent vn peu plus brunes, les
cheuaux bien nourris de grain auancent pluftoft
de pouffer que les mal nourries, pour les dents canines, Efcaloignes, crocs ou crochets, ils viennent
communement à quatre ans, quelquesfois pluftoft
quelques fois plus tard.

DV IVGEMENT ET CONNOISSANCE DES MALADIES DES CHEVAVX.

SE(ONDE PARTIE.

'A Y voulu efcrire tout ce que deffus en la premiere partie, pour faire connoiftre le Cheual, comme quoy il doit eftre pour bien feruir l'homme : l'efcriray cy apres en cette feconde le moyen qu'il y a de connoiftre fes infirmitez & maladies au doigt & à l'œil, & commanceray par l'œil, conduite du corps.

Des Yeux.

Les yeux pleurans font paroiftre vne grande humidité de cerueau, qui le plus fouuent caufe vne taye, les yeux rouges procedent d'vne grande chaleur en cette partie, il y en a d'autres qui ne font ny rouges ni pleurans, mais fecs, qui font les pires de de tous, & fuiets à fe perdre. Voyez la troifiefme partie traictant des remedes, chapitre premier.

Des Auiues.

Les Glandes, appellées par les Marefchaux Auiue ne tuent tant les cheuaux, comme le plus fouuent, trenchées ou petits vers qui leurs perfent les boyaux, c'eft vn mal à quoy il faut promptement re-

B

me lier:l'on connoiſtra ce mallors que le cheual ceſſera de manger, qu'il voudra ſans ceſſe ſe coucher, &
veautrer, qu'il aura les couillons froids, ſecouera ſouuent les oreilles qu'il aura froides, quelques fois ſe
regardera le flanc (marque de tranchée) aura le vend
froid, à aucuns les flancs enflent, & outre tout ce que
deſſus, ſi luy touchez aux glandes qu'il a au haut de la
machoire, que les Mareſchaux appellent auiues, vous
trouuerez icelles petites glandes, dures comme ſi
elles eſtoient de ſel ou ſable. Ce mal leur arriue pour
auoir beu le plus ſouuent trop chaud, autrefois pour
auoir laiſſé boire les cheuaux, ayant grand ſoif, ſans
leur auoir rompu l'eau en beuuant, le cheual n'eſt
iamais ſans Auiues : mais non en la maniere ſuſdite.
Voyez la 3. Partie chap 2.

De la Gourme & Eſtranguillon.

La Gourme vient ordinairement aux ieunes Cheuaux, qui ſes deſcharge de pluſieurs groſſes humeurs.
il faut prendre garde de ne les eſtabler auec d'autres.
d'autant qu'ils leurs donneroient ladite maladie.
Vous connoiſtrez le cheual avoir la Gourme, lors
qu'il ceſſera de manger, & qu'il luy viendra ſous la
gorge, au milieu de la machoire ſur le haut, & ſous le
ply du col vne dureté groſſe par fois cõme vne orange, plus ou moins, qui peine & trauaille fort le cheual,
tãt que ladite boſſe ſoit creuée ou ouuerte, & que l'a-
poſtume en ſorte, quelquesfois les cheuaux iettent la
gourme par les naſeaux: i'en ay veu qui l'ont ietée par
les cuiſſes, autres au coſté des couillons. Les eſtran-
guillons enflent la gorge. Voyez la 3. partie chap. 3.

De la Morue.

Il y a trois efpeces de Morue: la premiere eft celle qui eft comme entre verte & iaune, puante, & tres-dange-reufe, la fecóde eft vne morue qu'aucuns apellent feiche, qui ne paroift promptement; par fois le cheual iette certains morceaux caillés qui iettez, femblent les nafeaux eftre nets, la troiefme efpece eft blanche, emplit les nafeaux du cheual, telle morue procede de morfondure, defgoute le cheual, les cheuaux qui ont la Morue font fuiets d'auoir mal à la hanche, ronfle par fois, il y a quelques fois des cheueux qui iettent d'vne narine pour eftre morfondus, telle morue n'eft dangereufe. Voyez la 3. partie chap. 4.

De Lompas.

Lampas eft vne apoftume proche des dents vora-ces, ou premieres dents de deffus, qui groffit par fois comme vne febve, quelquefois comme vne demie chaftagne, réplit le Palais du cheual, en façon que le cheual ne mange qu'auec peine. Voyez la 3. partie chap. 5.

Des Barbes ou Barbillons.

Les Barbes ou Barbillons naiffent au cheual au co-fté de la machoire de deffous par le dedans, au deffus des dents canines ou crochets, & en vient vn de cha-que cofté, reffemblant aux Barbillons que les barbe-aux portent au nez, eftant iceux fecs & rougeaftres, font grande douleur au cheual l'empefchent de boi-re & manger. Voyez la 3. partie chap. 6.

Du Chancre.

Il y a trois efpeces de chancre, l'vn eft blanc, l'autre

rouge, & l'autre noir: le blanc s'apelle chancre blanc,
le rouge qui eſt puant s'apelle rouge, & le noir charbonnier, à cauſe de ſes bords qu'il à noirs. Voyez la 3.
partie chap. 7.

Des Surdens.

Les cheuaux ſont ſuiets a auoir des ſurdents. Pour
les connoiſtre ſera pris vn paſ danc, lequel mis dans
la bouche du cheual ſera aiſé de voir les dents mou-
lieres qui ſurpaſſent les autres:le cheual qui a des Sur-
dents peine à manger, & fait certain ſon d'icelles qui
deſplaît à ceux qui l'entendent, amaigriſſent le cheual
& ſemble iceluy vouloir pluſtoſt deuorer l'auoine
que la manger. Voyez la 3. partie chap. 8

De la bouche eſchaufee & cirons.

L'on connoiſtra le cheual auoir la bouche eſchau-
fée en luy mettant la main dans la bouche, ſi elle ſe
trouue chaude, & la langue fort ſeiche, le cheual ne
mange ſi bien qu'auparauant, ce mal luy vient par
fois pour auoir mangé du foin nouueau, autrefois
pour auoir mangé paille d'orge ou ſeigle : pour les
cirons ils ſe connoiſtront en leuant la leure de deſſus,
ſi au lieu d'eſtre vnie & polie elle ſe trouue pleine de
petites bulles, Voyez la troiſieſme partie chapitre
neuf.

De l'Eſquinance.

Vous connoiſtrez auoir l'Eſquinance, lors que le
verrez touſſer coup ſur coup, luy prenant la gorge la
ſerrant vn peu, ne pourra auoir ſon halaine qu'à peine, ouure la bouche & ne peut manger, Voyez la 3.
partie, chap. 10.

De l'*Aticorre ou auant-cœur*

L'anticorre ou auãt cœur vient an deuant de la poitrine du cheual, fait enfler comme vne bosse ladite
poitrine ou il vient : Il y en a de deux especes l'vn lõg
& l'autre court, le long prend quasi despuis les espau-
les iusques à l'estomac, & le rond dans le milieu de
l'estomac, le cheual porte la teste basse, & n'a nul ap-
petit. voyez la 3 partie, chap. 11

Cu *Cheual poussif,*

. Les cheuaux deuiennent poussifs pour leur tomber par fois quelque defluxiõ qui leur vlcere les poulmons : le plus souuent deuiennent poussifs à l'Escurie
pour mãger trop de foin sans faire exercices Vous co-
noistrez cette maladie lors que les cheuaux com-
manceront à tousser, & battre du flanc. Les cheuaux
poussifs outrés battent tellement le flanc, que la partie de la cuisse proche du flanc est forcée de se leuer, la
croupe va & vient à mesure qu'il prend son haleine,
le fondement quasi leur sort, & si les pressez le moins
du monde, ils sont au creuer : telle maladie estant ou-
trez, est tres difficile à guarir. Voyez la 3. partie chapitre 12.

De la *Morfondure.*

La Morfondure procede au cheual le plus souuent
pour auoir esté eschaufé, & refroidi ayant chaud, establé sans estre promené : antrefois pour auoir esté mis
dans des escuries froides estant mouillé, establé sans
estre couuert : les cheuaux morfondus toussent par
fois, sont degoustez & quelques fois iettent des naseaux. Voyez la 3 partie chap. 13

Du Cheual Forbu.

Cette maladie procede le plus ſouuent au cheual qui a grand ſoif pour auoir paſſé aupres d'vne eau ou dans l'eau ſans en auoir pris, & conſeille ceux qui ſeront à cheual, paſſant l'eau d'en laiſſer prendre à leur cheuaux vne gorgée ou deux quelque chaud qu'ils ayent, ou puiſſent auoir ſans les areſter, le cheual forbu ſe connoiſt en ce qu'il ne met point les pieds de derriere dans la piſte de ceux de deuant, ſemble plûtoſt trainer ſes iambes que marcher, ne peut reculer, & s'il recule par haſard, c'eſt auec grand peine, leurs membres forbus leur tremblent, s'en dueillent, ont la veue fort troublée, par fois ſuent & par fois ont froid Voyez la 3. partie chap. 14.

Du Cheual encordé.

Il ſemble que cette maladie ſoit forbure, & vont les cheuaux encordez comme les forbus, n'y ayât difference, ſinon que les cheuaux encordez retirent les couillons au dedans du corps, tirent le nerf qui eſt au deſſus du membre. Voyez le remede en la 3. partie, chap. 15.

Courbature.

Les Cheuaux ſont ſuiets par les grandes chaleurs à deuenir courbatus, principalement quand ils ſont par trop preſſez, & y ſont plus ſuiets les ieunes cheuaux que les vieux. Cette maladie vient aſſez promptement au cheual, & ſe connoiſtra lors que verrez les flancs du cheual battre outre meſure: auoir grand batement de cœur, entrer en ſueur, & trauaillent fort: les ieunes cheuaux ſont ſuiets à la courbature, les vieux à la pouffe. Voyez la 3. partie chap. 16.

Graiffe fondue ou gras fondu.

Quand vn cheual fe deffuif ou qu'il a le fain fondu au corps pour auoir trauaillé par les grandes chaleurs, principalement quand il eft gras, les flancs luy enflent, & femble qu'il ayent des tranchées, fe couche à la veue troublee, reffemble à celle d'vn cheual qui fe meurt, fi le Marefchal luy met la main dans le cors pour tirer de fa fiente rapportera ladite fiente toute couuerte de graiffe, comme fuif fondu: le cheual brule, regarde fouuent fes flancs : telle maladie eft grandement perilleufe. voyez la 3. partie chap. 17.

De la Galle.

Cette maladie fe iugera auenir au cheual lors que l'on verra le cheual vouloir fe frotter le col fouuent pour y auoir des demangeaifons, commancera par quelque hameur vifceufe qui luy fortira du crain, qui deflors luy fentira mal, fait enfin tomber le poil du cheual, crouter le col, & la queue le plus fouuent. Voyez la 3. partie chap. 18.

Du Farcin.

Il y a huit efpeces de Farcin. La premiere s'apele cul de poule, vient quelquefois gros cóme vne oráge, aucuns penfent que ce font anticore, pource qu'il cómance ordinairement à l'eftomac, eft fort dur, diffeblable à l'áticórre ou auát cœur, en ce quil croift plus gros que l'auát cœur; il augméte quafi tous les huict iours d'vne boffe, s'efcartant tantoft vers la gorge, autrefois vers les jambes. La feconde efpece s'appelle fanguin, qui procede de trop grande abondance de

ſang, les veines en groſſiſſent comme vne petite Cane, & naiſt par tout le corps du cheual certaines petites boſſes. La troiſieſme eſt appeliée de chié ou couillon de coq, naiſſant iceluy fort long entre les cuiſſes
du cheual, aupres de la veine de l'vn & l'autre coſté
deſdites cuiſſes, ſi le touchez vous le ſentirés mouuoir
deſſous vos doigts, en le preſſant fort il ſortira gros
comme vn couillon de coq La quatrieſme eſpece eſt
appellée mouchéreux, reſſemblant à picqueures de
mouches. naiſſant par tout le corps aſſez eſpais &
gros comme vn grain de bled. La cinquieſme eſpece
eſt appellée ladre, vient quaſi de la groſſeur d'vn œuf,
ſubtiliſe fort la peau, fait peu de trous. La ſixieſme
eſpece s'appelle blanc, d'autant que ſes bords ſont
blancs, iettent boue fort puante. La ſeptieſme eſpece
s'apelle charbonnier, pour ſes bords eſtre noirs comme charbon. La huictieſme & derniere eſpece s'apelle farcin volant, croiſſant par tout le corps, tantoſt
d'vn coſté tantoſt de l'autre, touſiours ſe multipliant
voyez la 3. partie chap 19

Des Tranchées.

Il y a de pluſieurs ſortes de tranchées qui ſe conoi-
ſſent, quant le cheual ceſſe de manger, & ſe regarde le
flanc. La premiere eſt quand le cheual regarde ſon
coſté laquelle procede du cœur & des poulmons.
La 2 ſe connoiſt quant le cheual enfle, qui procede
de ventoſitez, La 3 vient des roignons qui ſe connoiſt
lors que le cheual ſe iette par terre, tord la queue, ſe
leue, ſe couche, le cheual endure fort. La quatrieſme
ſe connoiſt auſſi, lors que l'on void vne des hanches
ou cuiſſes

ou cuiſſes du Cheual enfler, que le cœur luy bat, à
douleur derriere les oreilles, les ſecoüe le plus ſouuent:
cette tranchée luy procede de trop grande abondãce
de ſang. La cinquieſme & derniere eſt cauſée par la
retention d'vrine, & ſe cognoiſt en ce que le Cheual
eſſaye ſouuent de faire de l'eau , & ne peut piſſer.
Voyez la 3 Partie, chap. 10.

Des Fievres.

Les Cheuaux ſont ſujets à ſept ſortes de Fievres, &
ſe recognoiſſent quand le Cheual tire le membre à demy, & que ſur la fontaine des yeux leur ſort vne ſueur
froide, tire le membre; & ſi leur voulez faire retirer, il
en laiſſe touſiours partie dehors. La premiere eſpece
eſt vne Fievre qui s'engendre dans les poulmons, &
naiſt à l'entour d'iceux vne eau fort venimeuſe, qui
donne grande peine au Cheual, procede de laſſitude
qui luy fait battre les flancs, principalement ſur le
ſoir, ſuë aux flancs plus qu'en autres lieux. La troiſiéme
vient le plus ſouuent au Cheual gras qui a eſté longtemps dans l'Eſcurie ſans ſortir, que l'on fait courir:
Et ſe cognoiſt, ainſi qu'il eſt eſcrit cy-deſſus. La quatrieſme ſe cognoiſt quand ſur le ſoir vous voyez le
Cheual battre des flancs, ſoufler des naſeaux ; ce qu'il
ne fait au matin. La 5. ſe cognoiſt lors que les flancs
du Cheual battent au ſoir, & a vn grand bruit dans le
corps. La ſixieſme s'appelle Fievre ſeche, qui ſe cognoiſt quand le Cheual ſe tient tout coy ſans ſe mouuoir, le poil luy redreſſe par tout le corps, ſi le Cheual
eſt gras il deuient maigre & ſec, s'il eſſaye à boire ou à
manger il peine beaucoup, & ne peut aualler. La ſe-

C

ptieſme & derniere ſemble que le cheual ſoit forbu, ils ſont ſujets à autres petites Fievres qui ne ſont de conſequence; c'eſt pourquoy n'en parleray. Voyez la 3. Partie, chap 21.

Des Gouttes.

Le cheual eſt auſſi ſujet à pluſieurs eſpeces de gouttes, dont la premiere ſe cognoiſt quand vn cheual tremble, aucunes fois luy battent les flancs, baiſſe la teſte, le poil luy dreſſe, par fois les iambes luy enflent: telle goutte luy procede du cœur. La ſeconde s'engendre à l'entour des rognons, luy procede d'vne ebullition de ſang. La troiſieſme luy fait enfler les cuiſſes & iambes. La quatrieſme luy fait enfler les genoux, & luy font grand douleur. La cinquieſme fait enfler les jambes du cheual en certains lieux de la groſſeur d'vne orange. La ſixieſme ſemble que le cheual aye vne atteinte ſourde. La derniere eſt quand le cheual ne ſe peut mouuoir. Voyez la 3. Partie, chap 22.

De l'Encheueſtrure.

L'Encheueſtrure arriue au cheual le plus ſouuent par la faute des Palfreniers pour auoir mal attaché leurs cheuaux, mettant iceux les pieds dans les longes de leur licol, leſquels ils veulent retirer puis apres auec force & violence, frottant ſi rudement la partie où ils ſont encheueſtrez, qu'il y paroiſt, & demeure degarnie de poil. Voyez le remede en la 3. Partie, chap. 23.

Des Malandres.

Les Malandres ou Malandre eſt proprement vne écume ou eſpece d'humeur viſqueux qui ſort dans les

plis du bras du cheual, & leur vient le plus souuent
tel mal par la negligence des Palfreniers, qui n'ont le
soin de bien nettoyer cette partie, qui occasionne le
cheual de ne ployer le bras comme il feroit n'ayant
des Malandres, & outre font broncher le plus souuent le cheual : les cheuaux d'Allemagne qui ont de
grands poils aux iambes y sont plus sujets que les
autres. Voyez le remede en la 3 Partie, chap 24.

Des Soulandres.

Les Soulandres s'engendrent aux pieds de derriere
des cheuaux, & de la mesme humeur des Malandres :
les cheuaux en ont par fois à vne iambe, & par fois
aux deux : elles ne sont si communes comme les Malandres. Voyez le remede en la 3. Partie, chap. 25.

Des Courbes.

Les Courbes viennent aux iambes de derriere, au
costé du jaret par dehors : c'est vne certaine enfleure
qui va tousiours en aptissant contre bas, fait douleur
au cheual, & mesme les fait douloir ; il en vient quelquefois à vn, quelquefois à tous deux. Voyez la 3.
Partie, chap. 26.

Des Esperuins.

Les Esperuins viennent au contraire des Courbes,
la Courbe paroissant par dehors, & à costé du jaret,
& les Esperuins par dedans, enflant quelque peu la
partie, font tirer la iambe du cheual, & semble qu'il
s'en deüille ; quelquefois viennent à vne iambe, quelquefois aux deux. Voyez la 3 Partie, chap. 27.

Des Suros.

Le Suros est vne certaine grosseur qui vient sur

l'os du Cheual, & ſe durifie: les Suros viennent communement aux jambes de deuant; il en vient fort peu
& rarement à celles de derriere, viennent iceux ſur l'os
qui eſt depuis le jaret iuſques aux paturon, qui s'appelle le canon: le Suros de ſa nature monte touſiours
laiſſant vne trace, & monte iuſques au genoüil; & lors
qu'il a gagné ledit genoüil, s'appelle ledit Suros fuſelé & cheuillé; fuſelé à cauſe de la trace qu'il a laiſſée
reſſemblante à vne fuſée, & cheuillée, dautant qu'il
fait porter la jambe du Cheual toute droite, comme
ſi elle eſtoit cheuillée; & lors ne peut le Cheual plus
ſeruir qu'au labourage. L'on ſçaura que l'os du Cheual fuſnommé, doit eſtre tout vny; & s'il s'y trouue
quelque petite groſſeur, c'eſt ce qu'on appelle Suros.
Voyez la 3 Partie, chap. 28.

Des Arreſtes.

L'Arreſte commence ordinairement à ſe former
au bas des iambes de derriere, & monte tout du long
du nerf, en forme d'arreſtes de poiſſon. Voyez le
remede en la 3. Partie, chap. 29.

Des Grappes.

Les Grappes prennent leur nom, à cauſe que le mal
vient au bas des iambes du Cheual, en forme de grappe de raiſin. C'eſt vn vilain & faſcheux mal, puant, &
infect. Voyez la 3. Partie chap. 30.

Des Chappelets.

Les Chappelets viennent au bas des jambes, tout à
l'entour comme ſi c'eſtoit des grains de Chappelets,
& ſont de la meſme nature que les grappes. Voyez le
remede en la 3. Partie, chap. 31.

Des Mules trauerſines.

La Mule trauerſine eſt vn mal qui vient derriere la
jambe du Cheual, & ſur le nerf, au deſſus du boulet.
Il y en peut auoir pluſieurs en meſme jambe, ſont
comme des Ialles; elles viennent tant au deuant qu'au
derriere, mais plus au derriere qu'au deuant: les Cheuaux d'Allemagne qui ont les pieds pelus, y ſont fort
ſujets, & encore plus ceux de Flandre. Cette maladie
leur procede d'vne grande abondance d'humeurs.
Voyez la 3. Partie, chap 22.

Des Entorſe ou Maumarchure.

L'Entorſe ou Maumarchure arriue au Cheual, pour
auoir poſé ſon pied en lieu non aſſeuré, qui luy a varié,
& forcé le nerf, ce qui le fait douloir. Voyez la 3. Partie, chap. 33.

Des Iauars.

Le Iauar eſt vne certaine humeur qui vient dans
le paturon du Cheual, quelquefois ſi bas qu'il entre
dans la corne, & ſont fort dangereux, & s'appellent
pour lors Iauars encornez. Il y en a d'autres qui naiſ-
ſent ſur le nerf, qui ſont auſſi faſcheux, & s'appellent
Iauars nerueux: l'on cognoiſtra les Iauars vouloir venir au Cheual, quand en ſortant de l'Eſcurie le Cheual ſe deüil, & ſi mettez le doigt ſur la partie affligée
retirera le Cheual ſa jambe: il en ſort lors qu'il guarit
vn petit morceau, que les Mareſchaux appellent Lumat, à cauſe de ſa forme, lequel ſorty allege le Cheual, & ne reſte plus que la playe à guarir. Voyez la 3.
Partie des remedes, chap. 34.

De l'Atteinte.

L'Atteinte s'appelle ainſi, dautant que telle bleſſure arriue au cheual par l'atteinte des iambes de derriere, ſur celles de deuant, ou par quelque bleſſure de caillou. Il y a des atteintes qui s'appellent ſourdes, dautant qu'elles ne paroiſſent à la iambe du cheual, qui ſont les pires de toutes. Voyez la 3 Partie, chap. 35.

De l'Encaſtellure.

L'Encaſtellure n'eſt autre choſe que le petit pied ferré par ſon ongle, corne ou ſabot, & ſe cognoiſt lors que l'on voit le talon du cheual fort preſſé & ſerré, la fourchette fort eſtroitte, & que l'ongle eſt couuert de cercle, ſemble le cheual encaſtellé marchant aller ſur des eſpines. Les cheuaux de legere taille, & principalement les barbes & cheuaux d'Eſpagne ſont plus ſujets à s'encaſteller que les autres. Voyez la 3. Partie des remedes, chap. 36.

Des Saimes & Crapaudines.

Les Saimes & Crapaudines viennent ſur le ſabot, ou ongle; la Seme fend ledit ſabot, & la Crapaudine l'enfle, & le creue, dont il en ſort vne bouë tres-puante: maladie grandement difficile à guarir. Voyez la 3. Partie, chap. 37.

Des Encloüeures.

L'Encloüeure n'arriue au cheual que par la faute du Mareſchal, ou que de hazard il ait rencontré quelque cloud cheminant: vous cognoiſtrez le cheual eſtre encloüé s'il ſe feint apres auoir eſté ferré: quelquefois le cheual porte l'encloüeure quatre ou cinq iours ſans s'en douloir, plus ou moins; le plutoſt y regarder eſt le

meilleur. Vous cognoiſtrez auſſi le cheual eſtre encloüé, en luy faiſant leuer vne iambe, frappant doucement du brochoüer ſur la riue des cloux de fer, dont il
ſe doulera; s'il retire ſon pied, c'eſt la marque tres ſeu-
re qu'il eſt encloüé, faudra auſſi toſt titer le clou, ou
déferrer le cheual pour le mieux, & en déferrant le
cheual, prendre bien garde à chaque clou s'il n'y aura
point de ſang ou boüë. Voyez la 3. Partie chap. 38.

De l'Ongle ou Sabot des Cheuaux.

Il y a des cheuaux, qui naturellement ont l'Ongle
bon; il y en a de deux façons, de blancs & noirs, les
blancs ſont les pires; les vns ſont mols, autres caſſans
& éclattans. Voyez la 3. Partie, chap. 39.

Des Crains & queuë du Cheual.

Il y a des crains, les vns plus que les autres, qui ſont
ſujets à ſe gaſter; principalement ceux qui ſont grandement eſpois, dans leſquels s'engendrent des Sirons,
qui les coupent & perdent. Voyez la 3. Partie, chap. 40.

❧❧❧❧❧❧❧❧❧❧❧❧ ❧ ❧ ❧❧❧❧❧❧❧❧❧❧❧

Premier que de faire voir la troiſieſme Partie des Remedes de
ce Liure, i'ay eſtimé eſtre à propos de dire en quel temps de la
Lune l'on doit donner medecine aux cheuaux, ou trauailler
ſur iceux, ſi l'on n'eſt forcé par la violence du mal de faire
autrement.

Il eſt tres-neceſſaire quand l'on voudra ſeigner,
châtrer, donner le feu, ou faire quelque autre choſe à
vn cheual, que ce ſoit au decours de la Lune; & pour
les medecines prendre garde que ce ſoit au change-

ment d'icelle, fi faire fe peut, & quand on aura donné medecine au cheual pour quelque maladie, le faut
voir toufiours au Soleil couchant, dautant que s'il
doit guerir il mangera naturellement, fi par deux
iours il continuë, s'il doit mourir ne mangera point
que quatre ou cinq bouchées; s'il fait tel figne il fera
fort difficile qu'il en réchappe : ne fera donné medecine au cheual qui tombera malade en decours iufques à ce que la Lune foit renouuelée; feulement fera
promené foir & matin, lors que l'on verra fortir non
de l'efcume, mais de la bouë de la bouche du cheual
malade, & qu'il aura les yeux clos, fe couchera fans fe
vouloir releuer, s'il n'y eft bien forcé, l'on pourra tres-
mal efperer du cheual : la Lune tournant les cornes
vers Orient, l'on doit bien efperer des maladies qui
prennent aux cheuaux; mais fi elle les tourne vers
Occident, les maladies font fort perilleufes. Qui voudra acheter vn cheual, attende s'il peut iufques au
changement de lune, vn iour deuant & vn iour apres;
dautant que fi le cheual doit auoir mal en l'année,
il piffera l'eau claire comme il la boit, excepté aux
mois de Septembre & Octobre, & lors qu'il mange
du verd : & au contraire fi en ces mois, & lors qu'il
mange verd il piffe rouge comme fang, il court fortune en Septembre d'eftre bien malade, ou mourir.

REME-

✳✳✳✳✳✳✳✳✳✳✳✳✳✳✳✳✳
✳✳✳✳✳✳✳✳✳✳✳✳✳✳✳✳✳

REMEDES.

POVR LES MALADIES

DES CHEVAVX,

TROISIESME PARTIE.

AYANT éctit les principaux signes, pour faire connoiſtre les maladies que peuuent auoir les Cheuaux, j'écriray cy-a-prés les remedes neceſſaires & pratiquez par les plus experts. Et commanceray par l'œil, comme j'ay fait au iugement des maladies.

Et premierement de l'œil qui a receu coup, qui eſt enflé, & qui pleure.

CHAPITRE I.

SOIt pris fleur de lard, de laquelle on frottera la fontaine de l œil, en aprés ſera pris coüaine de lard en laquelle il reſtera quelque peu de graiſſe, qui ſera miſe ſur la braize, & en la retirant arroſée d'eau roſe, de laquelle on frottera eſtant rafroidie, quatre ou cinq fois ſoir & matin les yeux du Cheual. Et ſi le remede ne gueriſt l'œil, l'on fera ſaigner le Cheual, de la vaine de deſſus l'œil : pour quelque petit coup ou heurture, ne ſera beſoin d'vſer dudit remede, ſeulement ſuffira de lauer cinq ou ſix fois l'œil d'eau fraiſche.   D

Autre remede.

Soit pris safran vne dragme, myrrhe 2. dragmes, encens fin 1. dragme, vn peu de graine de paradis; soit le tout cuit auec bon vermeil, duquel sera fait Colire pour mettre sur l'œil du Cheual. S'il y a quelque taye ou blancheur, sera pris six onces de bon vin vermeil, cloux de girofle vne once, miel 2 onces, dont sera fait Colire. Ce remede esclaircit grandemét la veuë, mange les rayes, & le consóme

Pour les yeux pleurans.

Soit pris vne racine de fenouil, de laquelle on tirera deux ou trois onces de ius, adiouslāt en iceluy aloës Epaticque en poudre quelque peu, & sera dudit remede frotté la fontaine de l'œil, & vn peu sur l'œil, quelque temps apres seront lauez les yeux d'eau rose, qui aura esté fort battuë auec vn blanc d'œuf, laquelle se trouuera sous l'escume.

Pour les yeux rouges.

Soit saigné le Cheual de la veine de dessus l'œil, & apres laué l'œil de vin blanc, dans lequel l'on aura versé de l'eau dessusdite, y adioustant quelque peu de Sucre candy, & safran, subtilement puluerisez.

Pour les yeux enflez

Soit saigné le Cheual, de la vaine susdite, puis soit pris, ruë, saulge, & sein de porc frais qu'il faudra tant battre enséble que ledit tout deuienne cóme vn vnguent, duquel sera frotté la fótaine de l'œil du Cheual, s'aydant de la coüaine de lard preparée cóme dit a esté, dont sera frotté doucement l'œil du Cheual.

Pour vn Cheual qui a les yeux clairs, & ne void point.

Soient les oreilles du Cheual emplies de fel, & icelles liées & ferrées eſtroitement auec vne éguil-lette de cuïr, puis auec vn ferchaud fera donné le feu legeremét autour de l'œil, &vne pointe au mi-lieu du front, en apres foit greſſé la partie où le feu aura eſté donné, de l huile de loûtre cy-apres, à faute de laquelle fera pris huile cómune:fera ietté dans l'œil de la poudre faite d'œil de lievre defe-ché, la pointe de feu cy-deſſusdite doit eſtre don-née au milieu de la croix du front, auec deux au-tres pitites pointes legeres aux deux coſtez.

Pour les yeux conuerts.

Soit pris douze ou quinze coques de limaſſon,qui auront eſté calcinées fur pelle rouge, yadiouſtant fel commun, vne dragme, fucre candy deux drag-mes, foit le tout mis en poudre fubtile,pour eſtre iettée dás l'œil du Cheual, par trois ou quatre ma-tins, voire plus s'il eſt befoin. S'il y a quelques in-flamation fera pris vne ou deux pómes bien cuites de court péndu, fi faire fe peut, ou franc rofeau, defquelles on tirera la moelle, dans laquelle fera mis quelque peu d'eau rofé cy deſſus dite,dont fera fait cataplafme pour appliquer fur l'œil.

La Chelidoine vulgairement appellée efclaire, pilée auec vn peu de fel, & fucre candy, nettoye fort fur la prunelle.

Remede vniuerfel pour les yeux.

Depuis le mois de May,iufques au mois d'Octo-bre feulement fera fait ce remede, foit pris eau ro-fe 1. once,huile cómune 1. once,fucre cádi 1. once

D ij

le tout foit incorporé enfemble, pour mettre dans les yeux du Cheual foir & matin.

Pour les Auiues.

CHAP. II.

SOVDAIN que les auiues paroiftront groffes & en l'eftat qu'elles ont efté reprefétées au fecõd liure de la cõnoiffance des maladies feront ouuertes auec feu ou rafoir. Et icelles fubtilement tirées fans offencer le Cheual, & auffi toft la playe rebouchée d'eftouppes, crainte que la partie ne receuft trop d'air, prenant bien garde le Marefchal de ne toucher aux vaines qui font en cette partie-là, & a-prés auoir tiré le fang qui pourroit eftre glacé auec des eftoupes, fera ointe la playe auec huille de laurier, lard frais, Dialtea, le tout fondu enfemble, & mis tiedement deffus. La plufpart des Marefchaux fe contentent aprés auoir tiré les Auiues de mettre fur la playe vn petit de lard ou de la poix noire deffus.   *Autre remede.*

Soit le Cheual faigné de la vaine qui paroift deffous la langue, & fi les Auiues ou tranchées preffoient trop, fera faigné de la vaine du col, & les A-uiues ointes de Dialtea pour les mollifier, & en aprés tirées, & la playe penfetée comme deffus.

Autre remede.

Auffi toft que l'on fe fera apperceu le Cheual a-uoir Auiues, fera faigné de deffous la langue cõme deffus, & mis dans fes oreilles fel & vinaigre, en luy

frottant grandement les oreilles, afin de les luy re-
chauffer & jetter du vinaigre dans les naſeaux, ſoit
auſſi pris vn poinçon, duquel ſera percé en deux ou
trois lieux le cartilage qui eſt entre les deux naſeaux
d'outre en outre; & ſi pour tel remede il ne guerit, lui
ſera jetté poudre d'Ellebore blanc dans les naſeaux,
afin de le faire eternuer, quelque temps apres ſi
ſon mal ne ceſſe, ſera preins auec vn plumaſſeau huile
de laurier, ſur laquelle ſera jetté par deſſus ledit plu-
maceau quelque peu de la poudre cy deſſus, & ledit
plumaſſeau mis aux naſeaux : ſi les flancs du Cheual
enflent, ſera ſaigné des flancs, & luy donnera on vn
Cliſtere l'axatif. Ne ſera oublié, en telle maladie de
mener le Cheual dans vne Bergerie pour l'obliger à
piſſer. Sur tout, pendant cette maladie ne ſoit appro-
ché le Cheual de l'eau, d'autant qu'elle luy rengrege-
roit ſon mal. Sera beſoin que le Cheual ne boiue ny
mange pendant ſon mal, lequel doit eſtre touſiours
bridé & promené, ou auoir quelque bon foin deuant
luy, on reconnoiſtra la ſeparation de la maladie,
lors que le Cheual voudra manger du foin auec ſon
mords, & aprés luy en auoir fait macher quelque peu,
le faudra debrider. Pour ſon boire, ce iour-là luy ſera
donne eau blanche, & point d'auoine, mais du ſon de
froment. *Autre remede.*

Soit prins Sileris, Montani, Agric, Anis, vne once
de chacun fenoüil, & comin de chacun deux onces,
le tout en poudre ſoit mis dans vne pinte de vin blãc,
& donné au cheual, & aprés l'auoir bien frotté, ſi l'on
eſt preſſé de voyager, l'õ pourra faire quatre ou cinq

lieuës, arreſtant le Cheual par fois pour l'obliger à
piſſer. Ne ſera le Cheual debridé, que premier il n'eſſaye de vouloir manger, eſuànter les Auiues eſt le plus
ſeur.

Pour la Gourme & eſtranguillons. CHAP. III.

IL faut prédre vne bougie allumée, & d'icelle bruler le milieu de la peau où la boſſé de la Gourme
s'eſt formée, afin de mettre ſur ladite peau bruſlée ce
qui enſuit : Soit prins leuain de ſeigle peſtry auec vi-
nette ou auzeille, & mis quelque peu entre deux brai-
ſes pour apliquer chaudemét ſur boſſe afin de mollifier la peau brulée, pour en tirér plus aiſemét l'apoſtu-
me ſera mis ſur ledit leuain ainſi preparé, vn reſtrinctif de vinaigre & Bolarmenic, ou broüillaminy, cõme dit le commun des Mareſchaux, & ſi le premier
appareil ne fait uouerture de la boſſe, y en remettant
vn autre elle s'ouurira, au fort ſera donné vn coup de
lancette ; il eſt neceſſaire pendát icelle maladie que le
Cheual ſoit tenu chaudemét, ſi l'on met de l'huile de
Lorrin à l'entour de la boſſe, elle profitera grádemét
à tel mal, & afin que le Cheual aye touſiours la partie
chaudement : ce ſera bien fait de luy enueloper le deſſous de la teſte où eſt la Gourme d'vne peau de Mouton.

Autre remede.

Soit pris vne bougie & la boſſe bruſlée comme deſſus, & frotté tout à l'entour de l'onguent qui s'enſuit :
Soit dris vieil oing, Dialthea, & baſilicum de chacun
pres d'vn quarteron l'huile de Lorrin vne once, & de
tout ſoit fait ynguent pour froter la boſſe tant qu'el-

le soit creuée, laquelle creuée sera mis des tentes d'estoupe conuertes de basilicùm par trois ou quatre
iours afin de bien attirer l'Apoftnme puis panser la
playe auec Egyptiacum.

Pour la Morue CHAP. IIII.

IL faut faire Diette au Cheual par dix iours en cét-
te façon, qu'il ne soit rien donné la premiere nùit
au Cheual, le matin luy sera donné demy picotin de
froment qui aura boüilly en eau tant qu'il se deffasse
sous les doigts, dans lequel sera mis deux onces de sel
cómun, ne doit boire qu'à midi au plus tard, afin qu'il
aye plus grand soif: Lors sera mis dans vn grand váis-
seau autant d'eau qu'il en pourra boire, & sur icelle
jetté trois onces de Miel commun, & deux onces de
Miel Rozard qui sera battu & presété au Cheual soir
&matin. Au soir luy sera donné demy picotin d'orge
& rien autre chose: les dix iours passez luy faudra dóner à manger peu à peu, & le panser à l'accoustumé, &
si au treisiesme iour il jette encores quelque chose,
luy sera donné le Breuuage qui s'ensuit.

Soit pris trois onces de Cirot violat, hydromel quatre onces, huile Rosard deux onces, Sucre demie liure
miel commun demie linre, soit le tout meslé emsem-
ble, & donné au Cheual sans luy donner rien de cinq
heures apres, s'il est desgouté luy sera donné quelque
peu de son arrozé d'eau, & vn pen de foin, & abbreuué d'eau blanche auec son ordinaire d'auoine.

Autre remede.

Soit pris demie liure Sequilitique, quatre onces eau
de vie, trois onces d'euforbe, demie liure de ruë 1. li-

ure d'huile cómune, faut le tout incorporer enfemble & faire bouillir dans vn pot neuf, & de ladite có-
pofition feront oints deux plumaffeaux qui feront
mis dans les nafeaux du Cheual ayant lefdits nafeaux
fauonnez & nettoyez auec fauon noir.

Autre Remede quand le Cheual ronfle.

Soit prins quatre noix mufcades, vne once de Canelle en groffe poudre, quarante cloux de giroffle, demie once de Spicanardi demie once de Galanga, deux
onces de Gentienne, demie once de Sarcocolle, vn
quart d'once de faffran, le tout battu enfemble & mis
en poudre, faut outre auoir 2 liures de miel rofar, vne
liure & demie de cómum, foient toutes lefdites chofes vn peu tiedes, données au Cheual, il faut que le
Cheual n'aye rien mangé de toute la nuit, & ne máge
de fept heures aprés la prife, pour le moins, ce fait
fera pris vn bafton au bout duquel il y aura étouppes
ou cotton, qui fera faucé dans quelque refte de la
Medecine, & faupoudré d'euforbe qui fera mis par
trois iours dans les nafeaux du Cheual foir & matin,
& au troifiefme iour fera fait le remede fuiuant.

Soit pris vn chauderon dans lequel fera mis autant
de vin que d'eau, & jetté en iceluy demy picotin de
froment, Poliot Romain, & fauge de chacun vne
poignée, foit le tout mis fur le feu, pour lauer les nafeaux du Cheual, & du refte de ladite decoction foit
lavé la tefte du Cheval, fi le Cheval doit guerir il cef-
fera de ronfler, au feptiefme iour s'il ne luy amánde,
courra fortune de mourir.

Pour

Pour la Moruc feiche.

Soit pris deux plumaffeaux oingts de fauon noir, fur lefquels fera ietté de la poudre qui fera compofée de deux onces d'Euphorbe, vn quart d'once de poivre, vn quart d'once de Gingembre, foit le tout puluerifé en poudre fubtile pour faupoudrer les plumaffeaux fuf-dits qui feront mis dans les nafeaux du Cheual au ma-tin auant qu'il boiue, & ce, continué par l'efpace de fept iours vne heure durant, & apres auoir retiré lefdits plumaffeaux fera abbreuué, fi au bout de fept ou huit iours le mal ne s'arrefte, fera pris vne liure de Miel commun, dix iaunes d'œufs, vne once de Sabine en poudre, le tout incorporé enfemble foit donné au Cheual à ieun, & fi bout cela le Cheual ne guarit, & recommançaft à ietter, d'autant qu'il y a des Morves malicieufes, luy feront remis les plumaffeaux comme deffus. Ce fera bien fait à toute Morue generalement le faire à la tefte du Cheual le reftrinctif fuiuant : Soit rins Poix noire cinq onces, Poix raifine cinq onces, Galbanum quatre onces, Maftic trois onces, Tereben-ine demie liure, Miel commun vne liure, & defdites chofes foit fait ledit reftrinctif.

Pileurs pour Cheual morueux.

Premier que de donner les Pileures cy-aprés écrites, era neceffaire de faire efglander le Cheual par vn bon Marefchal, qui foit expert pour cét effet, que n'oublie-, aprés auoir efglandé le Cheual, de mettre vn peu Arfenic en poudre fur du cottó, afin de le mettre où toiét lefdites glandes, luy laiffant cinq ou fix heures, enant bien garde que ledit Arfenic ne touche à la

E

gorge & Machoire, en oftár ledit cotton fera mis en f
place du vieil oing, jufques à tant que l'efcarre en ve
le tomber, lors fera doucement coupée la chair mo
te, auec vn rafoir, & aufli-toft donné vn leger caute
de feu dans la playe, qui fera frottée de vieil oingt ra
qu'elle foit guarie. *Nota*, Premier que d'efglaud
le Cheual, qu'il le faut faire faigner de la veine d
col, & le landemain luy donner des Pileures fuiuar
tes.

Soit prins deux liures de lard bien gras, qui au
trempe vingt quatre heures dans vn feau d'eau,
changé d'eau par quatre ou cinq fois, demie liure
miel rofart, ou commun à deffaut de rofart, deux o
ces agaric en poudre, trois onces aloës puluerif, de
liure de galanga en poudre, vne once de gingembr
demi once de fenné, huile d'oliue à difcretion, po
former les pileures, y adioultant ene poignée de fa
ge franche, hachée fort menuë, quatre onces regu
lifle puluerifée. Pour faire prendre lefdites pileures
Cheual.　Sera neceffaire d'auoir demie liure d'hu
d'oliue, vn peu de vin blanc auec vne once d'anis
poudre pour faire plus ayfement prendre leld. pile
res : apres la prinfe d'icelles, il faudra frotter les M
choires du Cheual d'huile de Laurier, & aufli à l'ento
des oreilles par trois ou quatre fois, & luy mettre d
Plumaffeaux dans les nafeaux qui feront frottez d'h
le de Laurier, & poudrez d'vn peu de poivre, q
feront mis & oftez plufieurs fois : Sera le Cheual te
chaudement d'vne couuerture qui traifne iufques
terre, il faudra auoir des cailloux rouges que l

mettra dans vn chaudron, qui feront doucement
arrofez de vinaigre, la vapeur duquel l'on fera prendre au Cheual pour le faire fuer l'efpace de fept ou
huit heures. Quelques iours apres on commancera à
galopper le Cheual, & à le mettre comme hors d'halaine, ayant des Plumaffeaux tous prefts pour luy donner fon retour, en luy reïterant les mefmes eftuues
cy-deffus. Il faudra luy donner fon foin bas, & luy
donner du fon au lieu d'auoine, & de l'eau blanche
fort battuë. Quand l'on verra que le Cheual commancera à fe bien porter, on luy fera tirer du fang
du cofté oppofite, dont l'on luy en aura tiré auparauāt
luy faifant vfer des pileures fufdites à difcretion. Ne
fera oublié de luy faire trois ou quatre fois des parfuns
faits d'encens. Les fufdites pileures font bonnes auffi
aux Cheuaux qui font courbattus & gras fondus, y adiouftant demie once de rheubarbe.

*Autre Remede pour la Morue : Et fert pour empefcher
que les autres Cheuaux ne la prennent.*

Soit prins Aloës hepatique demie once, vne once
de Theriaque, vne once Triphera magna, vn quart
d'once d'encens, vn quart d'once de canelle, vne once
de miel rofart, demie once de maftic, vn quart d'once
de gingembre, deux onces d'huile rofart, foient les
drogues puluerifées & incorporées auec ledit miel, &
huile, & donnée au Cheual moitié par la bouche, &
l'autre moitié dans les nafeaux à plufieurs fois.

Autre fort bon remede pour vne efpece de Morue blanche.
Soit prins vin blanc dans lequel fera fait bouillir demy picotin de froment, tant qu'il foit bien cuit, & en-

E ii

oftant le chauderon du feu, le Chenal ayant vne po-
che en la tefte ou autre chofe, luy fera mis ledit chauderon fous les nafeaux, afin de luy faire prentre la vapeur le plus que l'on pourra, en aprés feront prinfes
des eftouppes fur lefquelles fera mis ledit fourment
pour luy faire vne fomentation fur la tefte, par l'efpace de deux iours, il faudra faire bruffer deux liures de
cotton, & le reduire en cendre, pour d'icelle cendre
en donner au Cheual dans fon auoine, vne pleine coque d'œuf, & ce par trois iours, dans huit iours l'on
verra fon opperation.

Autre fort excellent Remede pour la Morve, & pour la nouuelle Toux.

Soit prins trois liures de figues, miel commun trois
liures regueliffe trois liures, miel rofart vne liure, canelle demie once, graine de fenouil trois onces, il faudra le tout faire boüillir dans vn chaudron, qui foit
plein d'eau tant que les figues fe deffacent, & que le
tout foit bien cuit & confommé, ne reftent que douze taffées qui feront coulées, & le tout bien preffé, afin
de tirer tout ce qui fe pourra, qui fera donné au Cheual par trois matins confecutifs, fans luy rien donner
de fix heures aprés. Au quatriefme iour luy fera fait vne
fomentation de ce qui s'enfuit.

Soit prins vn picotin de bled, deux bonnes poignées
de Romarin, autant de poliot, poix raifine en poudre
vne liure, foit le tout bouilly dans eau & vin, & de
ce lauer la tefte du Cheual le plus que l'on pourra,
puis faut appliquer ce qui reftera fur la tefte le Che-

ual, & luy laiſſer tant & ſi longuement que le tout
ſoit refroidy.

Pour vn Cheual qui iette par les naſeaux dont l'on craint la Morue.

Soit pris demie douzaine de teſte d'aux bien pillées,
canelle, poivre, cloux de girofle, de chacun demie once, Euphorbe vn quart d'once, ſoit le tout incorporé
enſemble & diſſoult dans vne chopine du vin, pour
mettre dans les neſeaux du Cheual.

Autre Remede.

Soit prins Euphorbe pulueriſé demie once, demy
ſeptier de jus de poireaux, demi ſeptier ſain de porc
ſondu, faudra le tout faire bouillir enſemble, tant qu'il
deuienne comme vnguent, auquel on adiouſtera,
eſtant tieé du feu & demi froid autre Euphorbe pul-
ueriſée vne odce, l'on pourro ſerrer ledit vnguent en
vne boite pour s'en ſeruir auec plumaſſeaux au beſoin.

Parfum pour les Cheuaux morueux.

Soit prins encens, maſtic, ceudrac, nielle romaine, de
chacun vne once, benjouin, lapdanum, orpimant,
ſtorax, calamit, de chacun ſix dragmes, ſemence d'or-
tix, demie once, Agaric nouuellement trociſqué deux
onces, poudre de roſes de Prouins deux dragmes, poudre de Paſdane ou tranſſigo trois dragmes, ſoit le tout
bien puleriſé pour en faire parfum.

Pour Lampas. CHAP. V.

L'Ampas s'oſte auec vne petite piece de fer chaude de laquelle l'on bruſle la partie, ſi la partie
n'eſt trop enflée en y donant vn coup de corne, ſuffira.
Aucuns donnent à la partie enflée deux ou trois coups

E iij

de lancette. Apres tous ces remedes sera bien fait de
lauer la partie de sel & vinaigre & de doner son de froment auec sel au Cheual.

Pour Barbes ou Barbillons.

CHAP. VI.

LEs barbes ou Barbillōs s'ostent auec des ciseaux,
en les coupant le plus pres de leur racine que faire se peut, puis auec sel & vinaigre se drit frotter la partie & donner au Cheual son auec vn peu de sel meslé.

Pour Chancre.

CHAP. VII.

SOit pris pour celuy qui vient à la bouche troësne
quatre poignées, chancrée deux poignées, verius,
trois demy septiers, ayant le tout bouilli ensemble, sera la bouche du Cheual souuent lauée.

Et pour celuy qui vient à l'entour de la iointure du
pied, ou sur la couronne, sera prins suc de racine d'as-
phodeles huit onces, qui auront esté pilées auec arsenic
puluerisé, soit le tout mis au feu en vaisseau de verre,
tant que l'humeur aqueux soit euaporé, & qu'il ne reste au fond du vaisseau que le terrestre qui sera bien
desseiché & mis en poudre pour mettre sur le mal
ayant le mal esté bien nettoyé & laué, & lors que le
chancre sera bien amorty, & que la chair bruslée sera
ostée, sera la playe couuerte de glaire d'œuf & estoupe, le tartre bruslé & meslé, auec sel y est bon: ces poudres sont fortes, & en les appliquant il faut bien prendre garde aux lieux qui sont nerueux de ny en mettre,
en autres lieux elles sont tres-bonnes.

Pour Surdents
CHAP. VIII

LA plufpart fe contentent d'ofter les furdéts auec vne piece de fer, ou groffe lime pour le mieux, en faifant róger au Cheual les fufdits fers & le font pour ne point cfbranler les dents du Cheual : ce qui fe pratique, autres les oftent auec vne gouge, ayant mis le pafdanc dans la bouche du Cheual, ie croy le meilleur eftre de fe feruir de la groffe lime, & la faire long-tĕmps ronger au Cheual, puis apres paffer la gouge fur les dents, afin d'ofter ce que la lime n'auroit peu ofter,

Pour la bouche efchauffée & cetons,
CHAP. IX

SOit prins miel commun quatre onces, poivre quatre onces, mufcade vne once, canelle vne once, farine d'orge tant qu'il fuffira pour le tout faire bouillir eftant detrempé auec de l'eau & du verjus, & le tout cuit doucement fur le feu, en fera mis en la bouche du Cheual, auec vn nerf de bœuf que l'on luy fera ronger l'efpace d'vn demy quart d'heure plus ou moins & quelque temps apres luy auoir donné de l'eau blanche.

Autre remede.

Soit prins aulx, porreaux, verius, fel brayé, & fort vinaigre, pour du tout bien lauer la bouche du Cheual fi l'on y adioufte eau de plantin, elle feruira grandement.

Pour cirons.

Pour les Cirons fera la lévre leuée & decouppée

en plufieurs lieux, auec pointe de clou afile, ou lancette, & la partie frottée auec du fel.

Pour l'Efquinence. CHAP. X.

SEra le Cheual feigné de la veine commune, puis
auec tenaillet, fera pris la peau de deffus le gofier
qui fera percée auec vne efguille enfilée de foye: fi la
langue eft enflée, fera le Cheual faigné de la veine de
deffous la langue, & les oreilles par le deffus ointes de
l'vnguent, qui s'enfuit.

Soit prins de l'vnguent d'Aggrippa vne once & demie, beurre frais vne once & demie, huile de laurier
vne once, foit du tout fait vnguent. Pour la gorge &
machoire, ils feront ointes de l'vnguent cy-apres.

Soit prins d'Althea huile violat, beurre frais, graiffe
de poule, & canne qui en aura, huile de lis, autant de
l'vn que de l'autre, & outre tout ce que deffus, fera
bien fait de donner l'herbe aux Cheuaux dans l'efto-
mach, comme l'on la donne aux bœufs pour ce faire
luy fera fenduë la peau aux deux coftez de la poitrine
& dans la fente entre la peau & chair, fera mis de l'ele-
baure noir qui en aura, & à deffaut du blanc, qui s'appelle autrement patte de lion, ou felon le vulgaire
gerbe aux bœufs: tel remede attire fort au dehors les
mauuaifes humeurs qui fe meflent auec le fang, le mefme remede fe peut faire auffi bien au milieu de la poitrine qu'au cofté, ayant tel remede affés attiré pour
guarir la playe, fera penfée auec huile rofart, & fain de
porc fondu enfemble.

Pour

Pour l'Anticoré ou auant coeur
CHAP. XI.

Soit le Cheual faigné de la vaine commune, pour le long foit donné le feu tout à l'entour en for-me d'epy de bled, fera auffi donné par deffous quatre ou cinq pointes de feu, entre cuir, & chair, à chaque trou mis vne plume de poule ointe de fain de porc, & huile commune, & frottée toute la dartie qui aura efté touchée du feu. Pour l'Anticore rond, fara donné le feu en forme de gril, & aü milieu en-tre cuir & chair, feront données deux pointes de feu comme deffus, & au furplus penfez à la maniere fufdite.

Autre remede.

Soit prins graiffe de porc, vieil oing, bafilicum, autant de l'vn que de l'autre, le tout foit bien battu & incorporé enfemble, pour appliquer fur le mal, le-quel appliqué fera appofé quelque fer chaud, afin de faire lé tout fondre doucement pour entrer dans le peau, puis fera le mefme emplaftre encore mis deffus & & tant de fois reiteré qu'il faffe meurir & mollifier le mal, qui fera en apres percé pour en tirer l'apoftume, & penfé de l'vnguent qui s'enfuit.

Soit prins terebentine vn quarteron, trois iaunes d'œufs & vn peu d'huile rofart bién meflez & incorpo-rez enfemble, & de ce feront frottées les tentes pour mettre erns la playe aux premiers appareils, & aux fe-conds feront appliquées autres tentes Egyptiacum, tant que le mal foit guery.

I'ay efprouué à de tels maux l'elebore noir, & à def-

F

faut d'iceluy, le blanc que le vulgaire appelle herbe aux bœufs, profiter grandemenr, eftant donné au Cheual, dans le milieu de l'Anticore, la bofle ayant efté percée de trauers, & dás la perceure, appliqué vn bon morceau de ladite herbe, icelle attire grandement la venemeufe humeur qui caufe le mal, & tuë le Cheual, il faudra tenir la playe graffe en la frottant de vieil oing, & huile violat fondu enfemble.

Doit le Cheual en telle maladie eftre toufiours faigné. fi l'Anticore eft gros il faudra tirer beaucoup de fang.

Ne fera oublié de donner des Clyfteres au Cheual, dont la decoction fera de mauue, perietaire, viole de Mars, mercuriale, dans laquelle decoction fera adioufté miel rofart demie liure, fucre rouge demie liure, hierapigra trois onces, benedicta deux onces & demie huile de ruë trois onces, huile commune vne liure & demie, huile de noix vn carteron, douze iaunes d'œufs & vn carteron de fel ou plus.

Pour Cheual pouffif.   CHAP. XII.

SEra le Cheval faigné de la vaine de deffous la queuë, faire fi fe peut, & fi elle ne fe peut trouuer fera couppé vn neuq de la queuë, & outre ce fera faigné des deux flancs, mangera au lieu de foin des ictons de faule & de genet, & dans fon avoine luy fera mis du lard coupé par petits morceaux, l'on pourra luy donner vn peu de foin auec les iettons fufdits, couppé & meflé enfemble, afin de faire mieux manger les fufdits iettons.

Autre remede.

Soit prins vn picotin d'orge que l'on fera bouillir auec de l'eau tant qu'il se deffasse, soit aussi prins vne teste de mouton, qui sera grandement bouillie, & apres que lesdites choses auront ainsi bouilli sera tirée toute l'eau, & mis ensemble pour faire prendre au Cheual, à la reserue de trois ou quatre tassées qui seront remises tant sur ladite orge que sur ladite teste, les os estant ostés, sera le tout mis dans vn linge, & presse le plus que faire se pourra, & de la coulature en sera prins quatre tassées, si tant y a pour faire ce qui s'ensuit.

Soit prins fenouil demie once, galanga vn quart d'once, demie once canelle. Spica vn quart d'once, dix cloux de girofle: gingembre trois onces, miel rosart demie liure, soient les drogues qui se peuuent pulueriser puluerisées, & incorporez le tout ensemble auec vin blác, y adioustát safran vn demi quart d'óce, jaunes d'œufs demie douzaine, & auec les trois ou quatre tassées susdites, sera le tout donné au Cheual, qui ne mangera de vingt-quatre heures apres, seulement luy sera presenté de l'eau dás laquelle l'on aura demeslé deux onces de miel commun, & s'il n'en veut boire à l'heure de vespres qui est l'heure qu'il luy faut presenter, il faudra attendre sa soif.

Autre remede.

Soit prins vne liure de racines de mauues, deux liures ne miel commun, vne liure de miel rosart, vne liure de sucre, quatre liures de mercuriale, soit le tout bouilly ensemble, auec suffisante quantité d'eau iusques à ce que le tout soit descheu d'vn tiers, puis soit

mis au ferain dans vn vaiſſeau de terre, & le matin ſoit
paſſé pour dóner au Cheual, qui aura eſté bridé dés minuit Ne mangera de toute la iournée, & ſur la minuit
ou au matin, ſera ieté trois ou quatre poignée de farine d'orge auát boire deuant luy, puis luy ſera preſenté
de l'aeu blanche, & donné ſon auoine meſlée auec lard
coupé menu, ne mangera que des fauas ou eſcoſſes de
poix, auec paille de froment pour quelque temps.

Autre remede.

Soit prins quatre onces graine de laúrier en poudre,
quatre onces eboris, ou yuoire rapée, deux onces,
graine d'ortix, quatre onces gentienne|, ariſtoloche
roude quatre onces agaric deux onces, ſaffran vne
dragme Soit le tout puluerifé & ſerré dans vne boeſte
de fer blanc, pour en faire vſer au Cheual, deux cuïl-
léres d'argent diſſoutes en demy ſeptier d'eau roſe fi
c'eſt en Eſté, & fi c'eſt en Hyuet dàns demi ſeptier de
vin blanc. il faudra que le Cheual ſoit bridé trois heures auparauant que de luy donner leſdires choſes, fi
c'eſt pour un vieux Cheual', l'on luy pourra donner
iuſques à trois cuillerées de deux iours en deux iours,
tant qu'il ſoit guary, fi l'en a affaire du cheual, l'on ne
laiſſera de le monter.

Pour vn cheual qui a le vent gros & deuient pouſſif.

Soit prins deux onces de ſucre rouge, poudre de regueliſſe deux onces, lard vne liure, farine d'orge vne li-
liure, miel, deux onces huile d'oliue, beurre frais vn
qúarteron, ou plus, fi beſoin eſt, ſelon la taille du Cheual le tout eſtant bien peſtry & meſlé enſemble,
ſera party en trois, & la premiere partie donnée au

Cheual la fecõde trois iours apres, & la troifiefme quatre iours. Apres la feconde prife, & le lendemain de la
derniere prife, fera donné au Cheual vne douzaine &
demie d'œufs qui auront trempé dans vn pot neuf,
auéc de for vinaigre lefpace de vingt-quatre heures,
ledit pot pendant ledit temps de vingt quatre heures
fera mis dans vn fumier chaud. Pour facilement faire
prendre au Cheual lefdits œufs auec leurs coques qui
feront alors fort mols, il faudra luy hauffer la tefte le
plus qu'on pourra, & auec le prafdane l'on les y iettera
l'vn apres l'autre dans la gorge. La coriande preparée
auec vinaigre profite fort aux Cheuaux pouffifs, & fe
preparent en cette façon. Soit pris coriande tant qu'il
en pourra tenir dans vn grand plat d'Eftain qui fera
mis fur vn rechaut, ladite coriande ayant efté arrofée
de vinaigre & deffechée dans le plat par deux ou trois
fois fera d'icelle ainfi preparée, donne au Cheual auec
fon auoine, quelque petite doignée foir & matin.

Pour la forfondure des Chduaux.
CHAPITRE XIII.

SOit mis dans la bouche du Cheual vn billot de
bois pour filet, lequel billot de bois fera couuert
de drapeau, & iceluy drapeau oingt d'huile de laurier,
ledit billot luy fera laiffé en la bouche l'efpace de deux
heures pour luy faire ietter des flegmes : Il faudra
abreuuer le Cheual fans luy ofter ledit billot, & luy
faire boire de l'eau blanche vn peu tiede, ayant beu
fera attaché au rateau vn quart d'heure auec ledit billot premier que de luy ofter.

Autre Remede pour Cheuaux morfondus & qui iettent par les naſeaux, à cauſe de ladite Morfondure.

Soit mis beurre frais dans les oreilles du Cheual, & icelles frottées tant que le beurre ſoit fondu , ſeront auſſi frottées les temples & maſchoires , auec beurre frais, huile de laurier, & de dialtea, le tout meſlé enſemble. Le boire du Cheual ſera d'eau blanche tiede cóme deſſus, le lendemain ſera donné le breuage qui s'enſuit.

Soit prins ſix teſtes d'aulx bien pilées, demi once canelle, demie once de poiure, demie once de gingembre demy once de clou de girofle, vne muſcade, demie dragme d'euforbe, vn quart d'once de ſaffran, trois onces de caſtonnade, & tout ce que deſſus eſtant pillé ſoit donné au Cheual auec vne chopine de vin blanc. Si apres la medecine l'ó donne trois ou quatre clyſteres au Cheual en diuers iours cópoſez de deux onces hierapigra, demie liure de miel, vne petite poignée de ſel menu, le tout mis en decoction de mauue, guimauue, parietaire, melilot & camomile, le Cheual s'en portera mieux. Si le Cheual a la teſte enflee, les yeux pleurans, & portaſt la teſte bas, l'on pourra adiouſter auſdits clyſteres deux onces & demie de benedicta laxatiua, & quelque peu de Diaffenic. Apres la priſe des clyſteres le Cheual doit eſtre ſaigné. La teſte du Cheual pendant ſa morfondure doit eſtre teuuë chaudement.

Autre remede.

Soit prins vne liure de miel, deux onces d'aloës puluériſé. deux onces de caſſe, deux quarterons de caſton-

nade, vne once d'agaric puluerifé, vne once de coloquinte, vne dragme de rheubarbe puluerifée, vne
dragme ammoniac, deux onces huile de laurier, foit le
tout mis enfemble, & donné auec vne chopine de vin
blanc au Cheual.

Il ne faut oublier premier que de donner toutes ces
medecines au Cheual de luy faire manger le fon preparé, comme dit a efté, d'autant qu'ice luy prepare le
corps ou Cheual à prendre medecine, euacuant toutes
les plus groffes humeurs.

Le fouffre puluerifé dans l'auoine du Cheual luy
profite beaucoup.

Paufun pour Cheuaux morfondus.

Soit prins fucre vne once, faffran demie once, encens & maftic de chacun deux onces, feuille de laurier
& de geneft de chacun demie poignée, baye de laurier
vne once, agaric vne once, binioin, nielle romaine,
ftorax calamit, de chacun demie once, toutes ces chofes meflées enfemble en fera ietté fur vn rechaut pour
en faire prendre la fumée au Cheual, ayant vn fac à la
tefte pour luy faire receuoir la vapeur.

Pour le Cheual Forbu.

CHAPITRE XIV.

AVffi-toft que l'on connoiftra le Cheual eftre forbu, fera iceluy mené promptement dans l'eau,
& faigné des quatre erts, eftant dans l'eau jufques à
deux doigts pres des faignées, l'on connoiftra le Che
ual auoir affez faigné, lors qu'il retirera fes coüillons
en dedans, & fi pour ce il ne gueriffoit, luy fera donné
quelque temps apres, le ius de fix oignós blancs ou au-

tres à deffaut qui sera mis dans vne pinte de vin blanc,
dans lequel vin il faudra detrempér de la fiante
d'homme la plus fraische que l'on pourra auoir,&fai-
re le tout prendre au Cheual.

Autre remede.

Soit le Cheual saigné des quatre erts, & ligatures faites aux quatre ianbes le plus estroitement que faire
se pourra & fait vn restrinctif sur les quatre membres
compose de vinaigre, Bolarmenic, sang de dragon,&
farine de froment, & si besoin est luy sera donnée la
medecine susdite composé d'oignós, vin blanc & fiéte d'homme, le Cheual estant guery quelques iours a-
pres sera saigné de la vaine du col, il ne sera mal à propos de piler deux ognós auec deux onces de cómun en
poudre, pour metre dás les pieds du Cheual, *nota* qu'il
faut premier que de faire le rinstrinctif susdit, faire vn
bain aux iambes du Chenal, composé de vin & d'huile
d'oliue, dont les deux parts serót de vin & vne d'huile.

Les Cheuaux forbus ont quelquesfois de si grandes chaleurs au corps, principalement quand la forbure leur prend apres vn grand trauail, qu'il est necessaire de leur donner des clysteres pour les rafraichir
composez de ce qui s'ensuit.

Soit prins mauue, guimauue, parietaire, viole, mercuriale, laitues, pourpié, betes, de chacun trois poignées,
fleurs de camomille & melilot de chacun deux poignées soumites d'asent fenouil, cherruis de lin, Sileris
montani de cháсun vne once, polipode, guiarchini
deux onces & demie, & de ce que dessus soit fait decoction auec de l'eau reuenante à deux liures ou plus,

confiderant la taille & qualité du Cheual, dans laquelle decoction fera difous trois ou quatre onces
de fucre rouge, caffe recente trois onces, huile de
noix, vne once de benedicta laxatiua, leux once hierapigra, & vne petite poignée de fel, & donné au
Cheual, le laiffant en repos par trois heures, & fi au
bout de trois heures le Cheual ne rendoit le clyftere, fera pourmené au pas demie heure, fi le Cheual
n'a efté faigné l'on luy pourra donner apres ledit
clyftere le remede compofé d'oignons.

Ne faut promener le Cheual que le moins que l'on
peut, ains le faut tenir à l'écurie fans luy faire lictiere, afin qu'il fe couche, fi ce n'eft qu'il euft pris vn cli-
ftere pour l'obliger à le rendre, aucuns faignent lefdits Cheuaux à la painfe, telle faignée les defcharge
fort, eftant bien faite. Le nourriture du Cheual doit
eftre d'herbe verte, & orge bouillie, ou pattons de farine d orge, & eau blanche, la fiente de port detrempée auec vinaigre appliquée fur la fole du pied,
foulage le Cheual, fera à propos deux iours apres la
forbure, de mettre dans les pieds du Cheual, fur le
fabot, du fon fricaffé auec vieil oing, refine & vinaigre, afin de luy en ofter la douleur.

Pour Cheual Encorde.

CHAP. XV

SOit prins eau Plus que tiede, tant que le Cheual
pourra endurer, de laquelle feront baignez les
coüillons du Cheual, tant qu'ils fortent dehors &
foudain qu'ils feront fortis feront liez affez eftroite-

mét auec vne leffe de laine, & le cheual couuer, il faut
promener le Cheual foir & matin affez lõguement,
ayant lié lefdits couillons au matin, ne feront déliés
qu'au foir, & sy c'eſt au foir qu'ils ayent eſté liez, ne
feront defliez que le matin : fi les couillons ne vou-
loient fortir par le fufdit bain, en fera fait vn autre
d'huile d'oliue, qui fans faute les fera fortir.

Pour Cheual courbatu.   CHAP.   XVI.

S oit pris graine de genieure demi ôce, huile d'o-
liue demie liure, anis demie liure, vin blanc du
meilleur vne pinte, foient toutes les drogues fufdites concaffées & mifes dans le fufdit vin, afin de donner le tout au Cheual vn peu tiede.

Graiſſe fondue ou Gras fondu.
CHAP.   XVII.

S Oit pris imperiale ou imperatrice autant qu'il
en pourra tenir dans vne coque d'œuf, laquelle
eſtant en poudre fera détrempée auec trois onces
d'eau rofe, & deux onces de iulep rofart, fix iaunes
d'œufs, & le tout donné au Cheual, & ce depuis
Auril, iufques en Octobre, & depuis Octobre iufques en Auril, & au lieu de l'eau rofe & iulep, fera
prins du vin blanc, ce remede eſtant donné au Cheual, fi l'on void qu'il enfle quelque temps apres la
medecine, fera pris vne efponge groffe comme vne
orange, qui fera liée d'vne ficelle par le milieu afin
de la retirer, & l'efponge ainfi accommodee, eſtant
trempée dans de l'huile d'oliue, fera mife dans le fó-
dement du Cheual, le plus auant que faire fe pourra
& laiffée quelque temps, puis retirée & remife par

4. ou 5. fois ce remede fait faire force vents au cheual, l'oblige à fienter, & luy profite de beaucoup: le
laict tout frais tiré de la vache donné par la bouche
luy profite grandement.

Autre remede.

Soit tué le mouton duquel l'on fera promtement
prendre le fang tout chaud au cheual, & iceluy promené. Les clifteres de lait foulagent fort le cheual
en cette maladie

Il faut mettre les Cheuaux en lieux frais,& les couurir de quelques drappeaux moüillez d'eau & vinaigre,à caufe que telle maladie rend les Cheuaux tous
en feu & bruflans.

### Pour la Galle.	CHAP. XVIII.

SOit pris demie liúre de oczange, ou graiffe de
porc frais non falé, quatre onces argét vif, trois
onces d'euforbe, cantharides & foufre vif,de chacun
trois onces,fublimé deux dragmes & demie, foient
toutes lefdites drogues incorporées enfemble, dont
fera fait vnguent,pour frotter la galle des cheuaux,
par trois fois en neuf iours l'efcarre tombé, fera pris
vne pinte de vin clairet, & vne pinte d'eau des Marefchaux,afin de lauer les lieux ou eftoit la galle , &
quatre ou cinq iours apres, fera le lieu ou eft la galle
derechef frotté de l'vnguent qui s'enfuit, par quatre
ou cinq iours.

Soit pris fein de porc demie liure,argent vif,4.on-
ces,litargie d'or lauee en eau rofe vne once & demie,
foufre vif deux onces, & du tout foit fait vnguent
pour frotter le lieu de la gale,qui fera quelques iours

apres fauónée de fauon noir, & fi ladite galle ne s'en
eſtoit allée tout à fait fera pris fix pintes d'eau de Marefchaux, dans laquelle fera ietté alum calfiné trois
onces, couperoſe blanche vne once & demie, de laquelle fera laué les lieux galeux, c'eſt vne maxime
generale qu'il faut faigner les Cheuaux galeux premier que de leur faire aucun remede.

Autre remede excellent.

Soit prins demie liure ou trois quarterons, felon la
taille du Cheual d'elebore blanc, vitriol romain vne
liure. & à defaut de romain fera pris du commun
qu'il faudra cócaffer en groffe poudre, feront les fu-
dites choſes miſes dans vn pot neuf tenant deux bó-
nes pintes, iceluy rempli du plus fort vinaigre que
l'on pourra trouuer, fera le tout mis fur le feu pour
boüillir lentement, tant que le vinaigre foit confommé du tiers, & apres auoir grandement frotté la
galle du Cheual, auec quelque meſchante eſtrille ou
de ferre, tant qu'il y paroiffe quelque fang, fera la
partie affligée de galles, lauée de ce que deffus, le
Cheual eſtant au Soleil, & continuer en diuers iours
par quatre ou cinq fois fi befoin eſt.

Pour le Farcin. CHAP. XIX.

FAut des le commancement (excepté aux Far-
cins ladres) faire grandement faigner les Cheuaux de la vaine commune, & frotter les creuaffes du
farcin de l'onguent qui s'enfuit.

Soit prins farine de febve vne liure, fort vinaigre
vne liure, vieil oing de porc vne liure, foit fait bouillir le tout enfemble, y adiouſtant fur la fin vne liure

d'huile commune, faisant bouillir tant le tout qu'il soit decheu de moitié, puis passé dans vn linge pour en tirer ce qui se pourra, & dans la coulature sera adiousté vne once d'aloës puluerisé deux onces soufre vif puluerisé qu'il faut ietter dans ladite coulature en remuant bien le tout sur le feu lent, afin d'incorporer bien les drogues pour en frotter le farcin, si l'onguent est trop dur, prenant vn peu de vinaigre l'on l'amolira.

Soit diligemment cherchée la teste du farcin, & sur icelle donné vn trait de feu par le milieu, & pansé le farcin de l'onguent qui s'eusuit.

Autre remede.

Soit prins vne Ioutre qu'il faudra escorcher pour faire cuire dans vn chaudron plein d'huile, & la tant faire bouillir qu'il n'en reste que les os, qu'il faudra oster, & passer le tout par vn linge, en bien compressant le tout le plus que faire se pourra, & laissé rafroidir dans la coulature, sera mis vne demie liure de terebétine, deux onces de miel, sain de porc deux liures, huile d'oliue deux liures dealtea demie liure, huile de laurier cinq onces, encens quatre onces, mastic trois onces, soit tout ce que dessus fait bouillir ensemble, & si le lendemain l'onguent n'est figé l'on y pourra adiouster demie liure de suif de mouton, & autant de cire neufue pour l'epoisir Il faudra metre ledit vnguent dans vn pot qui sera bouché, & bien lutté de terre grasse afin de la faire bouillir dans vn plein chaudron d'eau au bain marie par l'espace de demy iour & plus, & le pot estant retiré & osté dudit

bain, ſera mis vne nuit au ſerain, & ſi au matin il ſe
trouuoit trop eſpois, on y pourra adjouſter de l'huile d'oliue, pour le moliſier, tant plus que cét vnguent eſt vieil, mieux il vaut.

Autre remede pour l'Eſté.

Soient cherchées les herbes qui s'enſuiuent pour
donner au cheual , ſi le cheual ne les vouloit manger, ſeront deſcoupées auec du foin, cærerac, ſara-
ſine, langue de cerf, racine de boüillon blanc, alias
tapſusbarbatus, la racine de vallerienne, & de pa-
riacutum, & pour oſter le ſang corrompu & groſſes
humeurs, ſera donné au matin du ſon preparé & de
l'eau blâche, afin de luy oſter & euacuer les plus gro-
ſeshumeurs. Le ſon preparé a eſté décrit au chap. 41.
ayant mangé quelques iours du ſon preparé, ſera le
cheual ſaigné du coſté droit, & tiré quantité de ſag-
ne luy ſera donné pour cette iournée au lieu de ſon
auoine, que du ſon & eau blanche, il faudra en a-
pres luy donner dudit ſon preparé par quatre iours
au bout deſquels ſera mis dans ſon auoine de la
poudre qui s'enſuit, ou herbes & racines ſuſdites.

Soit pris fenugrec ſeleris montani, deux onces
de chacun, ſoufre vif quatre onces & demie, le tout
mis en poudre, quant on donnera vne ou deux poignées des herbes ſuſdites, le ſoir & matin ſelon la
taille du cheual, il ne faudra donner de ladite poudre, & huit iours apres la premiere ſeigneure, ſera le
cheual derechef ſaigné legerement, auquel l'on fera vſer des poudres & herbes ſuſdites : qui frottera
le farcin auec des teſtes de poireaux de deux iours

l'vn , ce remede luy profitera.

Antre remede.

Soit pris politrix auec fel dont l'on fera vn cor-
don au col du cheual, la tourmentine y eſt propre
ſi le farcin eſt au deuant fera mis au col, s'il eſt au
derriere à la queue.

Autre remede.

Soit fendu le milieu du front du cheual en croix
& leué la peau pour y mettre de la racice d'yeble,
puis ſoit ladite peau recouchee, & mis vn emplatre
de puix noire deſſus.

Autre remede.

Soit pris feuille de groſſe marguerite qui ſeront
pilées, & du ius qui en ſortira ſoit mis dans l'oreille,
& du marc par deſſus, & les oreilles du cheual liees,
ayant enfermé leſdites choſes dedans le plus eſtroitement que faire ſe pourra : le meſme iour & le lendemain ſera le cheual ſaigné - L'on pourra donner
dans l'auoiue du cheual de la poudre qui s'enſuit.

Soit pris fenugrec, femence de lin, feuille de buis,
ſoufre trois onces de chacnn, qui en voudra faire
dauantage, n'aura qu'à doubler la doſe, & le tout
puluerifé en ſera donné au chenal vne cueilleree
dans ſon auoine, qu'il faudra vn peu mouiller, pour
y faire attacher ladite poudre.

autre remede.

Soit prins deux onces d'arfenic, qui foit pendu au col ou à la queuë ou le farcin fera, le Cheual ayant efté faigné luy profitera.

Vn des meilleurs remedes & plus experimentez, eft de donner le feu de bonne heure : I'ay recouuert des receptes fort experimentées & affeurées qui fe font par paroles, tant pour le farcin, auiue, tranchée, que encloueure, lefquelles n'ay voulu mettre en cet œu- ure, crainte d'offencer Dieu, & ne m'en fuis voulu feruir, bien que i'en aye veu l'experience deuant mes yeux.

Pour les tranchees.   CHAP. XX.

SOit le Cheual pour toute tranchée bridé & pro- mené en lieux hauts & bas ; fi faire fe peut, tant qu'il aura tranchée, & donne felon le mal les reme- des fuiuans, faire trotter quelquefois le Cheual n'eft mauuais.

Soit pris theriaque deux onces, aloës epatic pul- uerifé vne once, le tout mis dans vn verre de vin blanc tiede, eftant diffout, foit donné au Cheual.

Ce remede eft propre pour les ventofitez, & gran- des abondances d'humeurs, retention d'vrine, & fi pour ce remede les tranches ne ceffent, fera faigné le Cheual fous la langue & aux flancs, fi l'on eft à la campagne, & que l'on ne puiffe trouuer des drogues cy-deffus, fera prins fel miel, par egalle portion, qui fera écumé fur le feu, & defdites chofes rafroidies en fera pris gros comme vn œuf, & mis dans le fonde- mét du Cheual, en ayant premier tiré le plus de fiéte

qu'il

qu'il fe pourra. Il n'y a fi petit Marefchal de village,
qui ne fçache bien qu'il fe faut frotter la main & bras
d'huile d'oliue premier que de la mettre dans le corps
du Cheual.

autre remede.

Soit prins camomile enuiron trois poignees que l'on
fera bouillir dans fix pintes d'eau, dans laquelle decoction fera mis fix onces de fel broyé femence fenouil demie liure, anis vne liure, demie efculee de larp
fondu, de ce foient faits trois clyfteres qui feront donnez l'vn apres l'autre au Cheual, s'il ne guerit pour
cela, fera pris demie liure de racine de Imperiale, ou
inperatrice, s'il ne s'en trouue que de verte, fera fei-
chee au four, racine de raphanum auec fes feuilles,
auffi feichees demie liure, aloes deux onces, fpicanardi
trois onces, euforbe demie once, foient toutes les
fufdites chofes meflees, & incorporees enfemble,
auec eau, tant que le tout foit reduit en pafte, de la
quelle fera fait vn torteau qui fera doucement cuit
dans vne poile de fer, & d'iceluy deffeiché en fera puluerifé la valeur d'vne coque d'œuf pour en donner au
Cheual auec vin blanc, fi c'eft en hyuer, & en eau rofe
& iulep rofart fi c'eft en efté, le refte du torteau fera
foigneufement ferré dans vn fac de cuir pour s'en feruir
à la neceffité.

Autre Remede.

Soit le Cheual faigné des deux flancs, & fous la
langue de la veine la plus apparante, & le cartilage qui
eft entre les deux nafeaux percé d'vne alaine ou poinçon en deux ou trois lieux, couuert & promené. La

H

ronce a pour cette maladie vne proprieté telle, que si vous entourrez le corps du Cheual de celle qui a prins racine par les deux bouts, il est certain que cela soulagera fort le Cheual, vn baston ou fourche prins par deux hommes, frottant le ventre du Cheual, en le tirant vers la croupe, ayde au Cheual, a ietter les vents qui luy causent des tranchées.

La marque que le Cheual est guary est quand il veut manger, lors il luy faudra donner du foin deuant luy, le tenant bridé, & luy en laisser prendre l'espace de demie heure, puis le desbrider.

Pour les Fievres　CHAP. XXI

SOit pris pour les trois premieres especes deux onces de semences de gougourdes, deux onces maue, deux onces iulep rosat, cinq onces eau rose, demie once casse mondée, trois onces de sucre, demie liure de miel commun, dont sera fait portion pour donner au Cheual qui aura esté vingt quatre heures sans manger : ne sera le Cheual débridé apres ladite medecine de six ou sept heures.

Autre remede

Soit prins trois vieux chappons qui seront plumez tous vifs, & battus de petits bastons sans leur toucher à la teste tant qu'ils en meurent, puis soient couppez fort menu & iettez dans vn plain chaudron d'huille commune, que l'on fera cuire & bouillir tant qu'ils soyent quasi tous defaits à force de cuire, soit le tout mis dans vn linge, afin d'en tirer en le pressant le plus que l'on pourra, du bouillon, dans lequel l'on ad-

iouftera deux liures de fuccre, demie liure canelle, cinq
quarterons de miel commun, foit le tout remis au feu,
tant qu'il foit diminué d'vn tiers, & en apres mis dans
vn vaiffeau de verre bien eftoupé pour en faire vfer au
Cheual febricitant la valeur de trois coques d'œufs, a-
uec iulep rofart, & vn ou deux iaunes d'œufs, le tout
bien meflé enfemble.

Remede pour la quatriefme efpece de Fieure.

Soit prins vne poule graffe hachee bien menuë, &
grandement bouillie, dans le bouillon de laquelle fera ietté trois poignées d'orge que l'on fera bien cuire,
faut le tout paffer comme il a efté dit cy-deffus, adiouftant dans leur coulature deux liures de miel rofart, demie liure iulep rofart, & donné au Cheual, qui fera
laiffé vingt quatre heures apres fans manger.

Remede pour la cinquiefme Fieure.

Soit le Cheual faigné de la veine commune, & apres
auoir efté faigné luy fera donné demie liure de conferue de rofe, diffoute dans l'eau fraifche, l'on pourra continuer ce breuuage par cinq ou fix iours confecutifs
fans interuale de temps, le Cheual qui paffe vingt
quatre heures apres le breuuage eft fauué, la marque
de la guerifon eft quand il fiente, que le battement de
flancs luy ceffe, ne ronfle plus commance à manger fer-
mement : les fignes de mort font quant au foleil couchant le Cheual fe couche, a le vent des nafeaux froide
fes couilles font froides, a les oreilles pendantes, ce
que voyant, l'on doit mal efperer du Cheual.

Remede pour la fixiefme Fievre

Soit prins lard farine d'orge meffez enfemble

H ij

& donné au Cheual, vous luy donnerez en outre le
tiers d'vn quart de farine tous les iours, cette fievre est
longue, il ne faut vser d'autre remede, le signe de mort
en telle maladie est quand le Cheual porte la teste
basse, si l'on parle à luy, il l'a releue promptement, &
aussi-tost la rebaisse, a les yeux à demy fermez, pour
telle fievre il est à propos de mettre souuent du vin ou
du vinaigre dans les naseaux du Cheual.

Remede pour la septiesme espece.

Soit le Cheual saigné de la veine commune, puis
donné ce qui s'ensuit, soit prins vn chapon & vne
poule, plumez & battus comme cy deuant est dit, de-
couppez & bouillis tant que la chair se defface, pour
en tirer le consommé, adioustant dans ledit consommé eau rose, consurue de rose, miel rosart, iulep rosart
cinq onces de chacun, auec vne once de sucre, & le
tout bien meslé soit donné au Cheual, & iceluy promené, si la medecine luy a esté donnée au matin sera doucement promené iusques apres midy.

pour les Gouttes CHAP. XXII.

SOit pour la premiere Goutte le Cheual lié à la
gorge pres la teste, & appercevant les veines qui
luy grossissent aupres des oreilles luy sera tiré du sang
des deux costez, si les iambes luy enflent luy sera donné quelque pointe de feu à chacune.

pour la seconde.

Soit le Cheual saigné de la veine commune, & en
spres prins vne chopine de vin blác, vne liure de feuille de sauge, vne once de galanga, demie once gin-

gembre, soit le tout bouilly tant qu'il soit diminué
d'vn tiers, & laissé au serain vne nuict : le lendemain
du matin sera le tout passé, & dans la coulature dissous
miel commun demie liure, & donné au Cheual.

pour la troisiéme espece.

Soit donné trois pointes de feu en commancemant
au haut de l'enfleure, prenant bien garde le Mareschal
de ne toucher aux nerfs. Il faudra huiller lesdites pointes puis apres d'huille où il aura bouilly de l'absynthe.

pour la quatriesme

Soit prins vne siure de poix blanche, quatre onces
vernis, trois onces encens, quatre onces mastic, puluerisez le tout, & le meslez auec le vernis & vne liure
de miel commun, & apres auoir tout bien incorporé
ensemble, vous y adiousterez de la poix noire, tant
que le tont soit propre pour faire emplastre pour mettre sur la Goutte, & laissée deux iours.

pour la cinquiesme

Soit donné au Cheual le feu en forme de molette
d'espron, auec vne pointe de feu, par le milieu, qui per-
ce seulement la peau.

pour la sixiesme espece.

soient les veines barrees, & prins pour faire emplastre pour mettre sur ladite goute, vne liure de miel
commun, miel rosart demie liure, terrebentine 5. onces
encens vne once, mastic vne once, absynte vne once,
theriaque vne once, vne liure resine, faut puluerifer
tout ce qui se peut puluerifer, & le mettre dans vn pot,
& en faisant cuire le tout y adiouster vne once de com
mun, & apres que les choses seront cuittes si l'en

H iij

plaftre fe trouuoit trop fec, l'on y adiouftera de la te
rebentine.

pour la feptiefme.

Soit promptement le Cheual faigné de la veine
commune, & apres appliqué vn Ciroyne.

pour Encheueftrure, CHAP. XXIII.

SOit prins beurre falé fondu & bruflé duquel fera
frotté l'encheueftrure, autrement foit prins ius de
fus ou fuzeau, duquel l'encheueftrure fera bien lauee,
puis mettant vne compreffe en trois ou quatre double
mouillee dudit ius, fera appliqué auec bande fur la
dite encheueftrure.

Autre remede.

Soit prins huille d'oliue qui aura efté lauee dans
quatre ou cinq paires d'eaux, dans laquelle fera mis vn
peu de poudre de chaulx viue.

autre remede.

Soit prins fuif de mouton, huille rofart, vn peu de
terebentine & vn peu de cire, le tout fondu enfemble.
dont fera frotté l'encheueftrure.

pour Malandres CHAP. XXIV

SOit prins ioubarde pilée de laquelle l'on tirera le
ius qui fera mis dans vn pot, pour bouillir auec de
l'eau. & quand l'eau fera quafi confommee, y fera ad
ioufté gros comme vn œuf de graiffe d'oye, qu'il fau
dra bien mouuoir, & de ce faire vn vnguent pour frot
ter les malandres.

autre remede.

Soit prins chaulx vifue, blancs d'œuf auec vn peu de vinaigre pour en appliquer auec estouppes sur les malandres, l'y laissant vingt-quatre heures, au bout desquelles seront leuees les estouppes & le Cheual mené dans de l'eau courante, la couppe tournee contre le courant, y laissant le Cheual quelque demi quart d'heure, le Cheual estant de retour seront frottees les Malandres auec sauon noir, & blanc razis incorporez ensemble.

Autre remede.

Soit prins vieil lard qui sera fondu sur vne pelle rouge, l'esgoutant, dans de l'eau fraische, dont seront frottees les Malandres.

Autre remede.

Soit prins graine de Moutarde, fort vinaigre, & fiente d'Oye, & le tout bien incorporé seront frottees les Malandres.

autre remede.

Soit prins vn quarteron de poudre à Canon, graisse d'Oye & de poule autant de l'vn que de l'autre, dont soit fait vnguent pour Malandres.

Autre Remede.

Soit prins sauon noir duquel les Malandres seront par trois iours fort sauonnees, puis apres les trois iours passez seront lauez auec eau tiede.

pour Soulandres. CHAP. XXV.

LEs Soulandres se pansent communement comme les Malandres, on les adoucit auec du beurre salé fondu & bruslé, la poudre de l'estrille les desseiche, la fiente d'Oye puluerisée dissoute auec fort vinaigre, & moustarde appliquee dessus les guarit,

pour Courbes. CHAP. XV.

SOit pour les Courbes, le Chenal saigné de la veine commune apres auoir esté saigné sera fait ce remede suiuant.

Soit prins vieilles chastaignes auec leurs escorces demy picotin, escosses & racines d'orme vne liure, feuilles de sauge vne liure, romarin demie liure, herbe au chat trois onces, poliot deux onces, oygnons deux, faut mettre le tout bouillir dans vn chaudron plein de vin & de viuaigre, dont les deux parts seront de vinaigre, & bouilly tant qu'il soit diminué du tiers de cette decoction, il faudra fort lauer les courbes par plusieurs fois, l'espace de demie heure. Il faudra aupparauant que de lauer les courbes, promener le Cheual l'espace d'vn bon quart d'heure; ce remede ce fait sans feu ne taille

autre remede.

Les Mareschaux ont accoustumé de donner le feu aux courbes, au costé du iarret, puis appliquent & mettent dessus de la poix noire toute chaude, & adoucissent la playe de beurre frais & populeon fondus ensemble auec vn moyen d'œuf, qu'ils mettent par l'espace de quatre ou cinq iours apres, & lors que l'escarre est re eſt tombée iettent poudre de chaux deſſus.

Autre Remede.

Soit donné le le feu à la Courbe, & ſoit fait ſur icelle cinq ou ſix rayes, & pour en adoucir la playe, le feu y ayant eſté donné, ſera prins ſire neufue & ſain doux, autant de l'vn que de l'autre, dont ſera fait vnguent pour penſer la playe, il faut premier que de donner le feu à la Courbe barrer & ſerrer les veines du Cheual deſſus & deſſous le iarret.

pour Eſperuins. Chap. XXVII.

Soit le Cheual mené à l'eau courante, par l'eſpace de trois ſepmaines, l'y tenant à chaque fois l'eſpace d'vn bon quart d'heure & plus , le remede des Conrbes ſuſdit ſans feu ny taille y eſt fort propre. Ne ſera oublié de faire barrer les veines, apres leſdits remedes ſuſdits, & les bien deſgorger : quelques vns y donnent le feu, & panſent la playe auec huile violat, deux ou trois fois le iour, il faut barrer les veines du Cheual ſi l'on luy donne le feu premier que de rien faire.

pour ſuros. Chap. XXXVIII.

Soit prins ſel & poiure autant de l'vn que de l'autre, & auec deux gouſſes d'aulx, ſoit le tout bien battu & incorporé enſemble pour appliquer ſur le ſuros, apres auoir fendu doucement la peau, qui eſt ſur le ſureau, & iceluy decerné pour y mettre dudit vnguen, lequel appliqué ſera la peau remiſe en ſa place & ſera par le deſſus mis vne compreſſe, & lié d'vne bande de

I

toile qui fera fur le furos l'efpace de ciuq iours fans
l'ofter, au bout duquel temps fera la compreffe oftée,
& la playe penfée auec de l'huile commune l'efpace de
cinq ou fix iours.

Autre Remede.

Soit prins deux gouffes d'aulx trempees en huile
toute bouillante, & appliquees fur le furos tant de
fois que le poil en tombe, & lors qu'on verra que le
poil commancera à tomber, en fera appliquée vn autre
deffus, ayant efté trempee dans l'huille comme dit eft,
& laiffé vingt-qnatre heures.

*Autre Remede appliquable vne feule fois fur les furos
nouuellement venus, & deus ou trois fois
fur les vieux.*

Soit prins vieil beure frais non falé quatre onces,
euforbe deux onces, argent vif, fouffre, & huille, de
chacun deux onces, cantaride demie once, ce qui fe
doit puluerifer fera fubtilement puluerifé, & l'argent
vif & fouffre amortis auec le beurre, dans lequel a-
pres que les chofes feront amorties, il faudra mettre
& incorporer les poudres fufdites. il faudra premier
que d'appliquer ledit vnguent, bien battre le furos
auec vn petit bafton ou manche de coufteau, puis a-
uec vn clou affilé faudra fubtilement percer la beau en
plufieurs endroits, ou faire auec le razoir deux ou trois
rayes fur icelle, & prendre bien garde que le Cheual
n'y porte la dent.

autre remede.

Soit prins femence de lin bien battuë, fenouil grec,
camomille vne liure de chacun, & de ce foit fair leffiue

fort efpaiffe, & quafi deuenue en vnguent, duquel le
furos fera fort laué par plufieurs fois foir & matin , &
apres l'auoir laué par plufieurs fois comme dit eft, fera appliqué de l'vnguent fufdit au precedant chapitre,
& bondé.

pour *Arreftes*, CHAP. XXIX.

SOient les Arreftes lauees auec lexiue, & icelles
deffeichees, fera prins vne piece de drap duquel
les arreftes feront tant frottees que le fang y furuien-
ne, oftant defdites arreftes certains poils qui font deffus auec pincettes en l'arrachant, & artaché, feront les
arreftes frottées de l'vnguent qui s'enfuit.

Soit prins deux onces de beurre, trois onces de ver
de gris en poudre, demie once cire neufue, duquel fera fait vnguent, pour appliquer fur l'arrefte tant & fi
longuement que le poil y foit reuenu, il ne faut point
mener le Cheual à l'eau n'y à la fange.

autre remede.

Soient les arreftes du Cheual lauées de forte leffiue
faite de cendre de ferment,& hurine d'homme,& frottées de l'vnguent qui s'enfuit.

Soit prins fuif de Cheureau cinq liures, fain de porc
vne liure, litarge puluerifee vne once, cinq onces ver
de gris, efcorce de grenade demie once, vne once &
vn quart de fauon noir, toutes les chofes fufdites foiét
mifes en poudre pour faire vnguent.

autre remede

Soient les Arreftes leffiuees comme deffus, & frottees de l'vnguent qui s'enfuit, argent vif, maftic, huile

d'amande douce, litharge d'or puluerifée, blanc rafis
& fain de porc de chacun vne once, & de tout ce foit
fait vnguent.

Autre remede.

Soit prins vne once poudre de Mercure fort fubtile,
quatre onces graiffe d'Ours qui en pourra trouuer,
ou de renard au deffaut, & de ce foit fait vnguent pour
appliquer fur l'arrefte.

pour arreftes qui viennent aux ieunes Cheuaux.

Soit prins vne liure de vieil lard fort gras, qui fera fondu fur vne pelle rougé, & degoutté dans de fort vinaigre qui fera ramaffé auec vne plume, dans lequel fera
mis ver de gris, coupe rofe de chacun vne once, & le
tout bien puluerifé fera incorporé enfemble, pour
frotter les arreftes.

Pour Grappe. CHAP. XXX.

SOit prins vne orange que l'on fera bouillir dan
huile & vin tant qu'elle foit toute defaite, il faut
qu'il y ait les deux parts d'huile, & de ce foient ointes
les grappes ou creuaffes par cinq ou fix iours.

Autre remede.

Soit prins terrebentine & miel commun de chacun
vne liure, alun de roche calciné trois onces, pois rezi-
ne vne liure, ver de gris vne once, huile rofat deux
onces, chaux viue vne liure, foit puluerifé ce qui fe
doit puluerifer, & de tout fait vn vnguent pour frotter
les garppes l'efpace de huict ou dix iours vne fois le
iour. Il faut auant que de les graiffer, les lauer auec bon
vinaigre & force leffiue, eftant graiffées les enuelop-
per de drappeau.

Autre remede.

Soit prins gomme d'Arabic & blanc d'œuf incorporez enfemble, pour appliquer fur les grappes tant qu'elle foit guarie.

autre remede.

Soit prins litharge d'or, vitriol Romain, ver de gris, fouffre vif, fouffre mortifié en huile d'amande douce, de chacun vne once, vieil lard deux onces, fain de porc deux onces, fiel de bœuf vn, foient les drogues qui fe peuuent pulucrifer puluerifées pour du tout faire vnguent pour les grappes.

Soit prins fort vinaigre auec fiente de porc que l'on fera bouillir vn boüillon feulement, dans lequel feront mis trois fiels de bœuf, galles & ver de gris, de chacun cinq onces, eau forte trois onces, puis ayant le tout boully enfemble trois ou quatre bouillons, fera ofté du feu, & auec vn bafton au bout duquel il y aura du drappeau, l'on prendra de ce que deffus, eftant tiede, dont l'on frottera les Grappes. La vapeur n'eft trop bonne, il s'en faut prendre garde à caufe de l'eau fort.

pour Chappellets. CHAP. XXXI

SOit les Chappelets qui viennent au bas des iambes, penfez comme les grappes eftant compofez de la mefme humeur, il y en a autres qui viennent fort gros fur l'os du iarret en dehors, & embraffe quafi tout le iarret, les Marefchaux les appellent moulet ou molet, ils procedent au Cheual, de trop grande fatigue, de coups ou heurture, le Cheual ne laiffe de tranail-

I iij

ler à tel mal ne faut donner le feu, mais seulement le
penser comme s'ensuit.

Soient faits bains de fort vinaigre, dans lequel fera
d stoult du sel nitté, ammoniac, gemme, sel comme
vitriol Romain, de l'alun de roche, autant de l'vn
que de l'autre, & lauer les Chappelets, qu'il faut en
apres oindre d'vnguent composé d'ammoniac, & se-
rapium, meslez auec huile de Lorrin, sera en outre
mis sur la parrie affligée vn emplastre fait de ammoniac, tymiama, poudre de guy de chesne, le tout im-
corporé auec bon vin, sert ledit emplastre à dissoudre
la tumeur, estant souuent renouuellé, les vieux Chappellets ne se querissent que bien rarement.

Il se fait vn Cerot composé de deux onces de poix
nauale, de galbanum, & ammoniac, de chacun demie
once, resine, terebentine, poix grecque, bdellium de
chacun vne once, vitriol Romain puluerisé, manne,
encens, bitume ludaique qui est fort propre à resoudre
ces humeurs.

pour *Mulle Trauersaine.* CHAP. XXXII.

SOit prins fort vinaigre, & alun bouilly ensemble, dont il faudra lauer les Mulles trauersaines,
ayant esté bien frottées auec vn drap, comme il a esté
dit au Chapitre des Arrestes.

Autre Remede.

Soient les veines serrees au plat de la cuisse, & quelque temps apres, appliqué sur les Mules de la bouillie
qui s'ensuit.

Soit prins emplastre blanc composé de bouillie

fott eſpoiſſe, adiouſtant ſur la fin de la cuiſon, vn quarteron d'huile d'oliue, ou demie liure de terrebentine
commune, & ayant le tout bien meſl é & incorporé
enſemble, ſoit fait emplaſtre pour m ettre ſur le mal,
& en ſiy iours ſera renouuelé trois fois, apres ce temps
ſeront les mulles deſſeichées auec vn vn guent compoſé d'huile d'oliue vn quarteron, huile de noix vn quarteron, & autant de cire neuue, le tout fondu enſemble,
& mis ſur les mulles.

pour mulles crauaſſes.

Soit prins douze onces de terrebentine, cinq onces
cire blanche, que l'on fera fondre doucement enſemble, eſtant le tout fondu apres auoir eſté leſdites choſes de deſſus le feu, ſera ietté dedans chopine de vin
blanc, en remuant bien le tour, & ſur la fin lors que le
tout ſe prendra, ſera adiouſté auec demie once, ius de
betoyne trois onces, ſoit le tout remis ſur le feu, &
cuit doucement, tant que le ius de betoyne ſoit euaporé, puis ſoit adiouſté lait de vache, quatre onces,
qu'il faudra auſſi faire euapore ſur le feu en bien remuant le tout, & de ce ſoient penſées les Mulles.

pour les Entorces.   CHAP. XXXIII.

SOit prins vieil oing, & du vinaigre, auec auſſi gros
que le pouce de miel, & autant de dialtea, pour le
tout mettre auec vne poignée de ſon ſur vne peau de
lieure & appliqué ſur l'entorce

autre remede.

Soit prins fiente d'homme detrempée auec huille
d'oline, & miſe ſur l'entorce auec vne peau de lieure

Autre remede

Soit prins vieil oing de porc vne liure, vinaigre vne pinte, fon de fourment vne efculée, faut mettre le tout fur le feu & bien mouuoir, eftant cuit, fera mis fur vne autre peau de lieure qui aura efté hachée bien ménuë, & ayant bien tout bouilly fera mis fur vne autre peau de lieure, & chaudement appliqué fur l'entorce; fi pour la premiere fois le Cheual n'en guarit, il faudra redoubler le remede. Les huiles de mirte & de nardin confortent & reftraignent les iointures : la decoction de maticaria n'y eft mauuaife.

P*our Iauars.* CHAP. XXXIV

SOit prins vne grenade aygre auec fon efcorce qui fera mife bouillir dans vn pot plein d'eau, tant qu'elle deuienne toute en pafte pour eftre paffée par vn linge, & dans la coulature fera mis encens & maftic en poudre, demie once de chacun, & vn peu d'eau de vie, & appliqué fur le iauard.

autre remede.

Soit prins farine de froment, lait de vache, & huile d'oliue dont l'on fera de la bouillie, pour appliquer fur le iauard, auec eftoupes, ce remede fait fortir ce lumat.

autre remede.

Soit prins vieil oing vn quarteron, cinq ou fix tefte d'aulx, ou de poireaux, foit le tout battu enfemble, tant qu'il demeure en vnguent, duquel fera mis fur le iauard la moitié, & laiffé vingt-quatre heures deffus, & fi au bout de ving-quatre heures, le lumat n'eftoit forty, fera derechef appliqué le refte que l'on y
laif-

laiffera l'efpace de douze heures, ou tant que le lumat
foit forty, & lors qu'il fera forty, fera la playe penfée
deux iours auec Egyptiacum, & eftouppes hachées
bien menu, & en apres penfé du mondificatif cy-apres efcrir.

Autre remede.

Soit prins vn blanc d'œuf, vn peu de chaulx viue,
& graiffe de porc, dequoy on fera vngent pour appliquer fur le iauard : Ce remede le fera promptement
fortir, & eftant forty fera la playe ointe auec vieil oing,
mettant fi befoin eft vn peu d'alun bruflé par deffus,
fi les bords en font trop enleuez. Le Chenal ne laiffera
de trauailler tenant la playe bien nette.

Aurre remede pour Iauard encorné.

Soit prins fein doux, & beurre vieil demy quarteron de chacun, coque de limaffons pulucrifées, fiente
d'homme fraifche, dont & du tout foit fait emplaftre
pour appliquer fur le iauard auec eftouppes, & le Iauard ou lumat forty, fera la playe penfée auec conp-
perofe blanche pulucrifée tenant la playe nette &
couuerte.

Autre Remede.

Soit prins vieil oing vn quarteron, trois tefte d'aulx
marrubium vne poignée, poix nauale pulucrifée, tant
qu'il en fandra pour faire emplaftre laquelle emplaftre fera mife fur le iauart, qui aura premier efté graif-
fé de fein doux, & fera iceluy emplaftre laiffé l'efpace
de vingt-qnatre heures, & fi au bout defdites vingt-
quatre heures le iauard n'eftoit forty, fera derechef
appliqué du mefme vnguent, tant & fi longuement

K

qu'il foit forty, fera la playe penfée d'Egyptiacum par
deux iours auec eftouppes comme deffus, & pour bien
mondifier & nettoyer la playe, fera pris vnguentum
orei rois onces, myrrhe vn peu, miel Mercurial, &
aloes de chacun vne once, miel rofat vne once, ariftoloche ronde rapée demie once, farine d'orge demie
once, dont & de tout fera fait vnguent pour appliquer
deux fois le iour fur la playe.

pour atteintes. CHAP. XXXV.

SOit prins pour Atteinte qui eft ouuerte le plutoft
que faire fe pourra, fuye, & poiure concaffé, & a-
uec vinaigre foit fait vn reftrinctif pour mettre fur
l'Atteinte : aucuns fe contentent d'y mettre le poivre
tout pur en poudre.

autre remede.

Soit prins vn œuf durcy dans la braize, & fendu par
la moitié, & fur l'vne foit ietté par le dedans poiure &
orpin en poudre, pour eftre tout chaudement appliqué fur l'Atteinte.

Autre Remede.

oit l'Atteinte lauée auec vrine, puis foit mis fur
icelle fuye, poivre, fel, & vinaigre, qui auront efté incorporez enfemble, & bandé.

pour Atteinte fourde.

Soit prins huit onces de bolarmenic, fix onces de
fang de dragon, poudre de myrrhe, efcorce de grenade, alun calfiné, vitriol, noix de galle, noix de ciprés
de chacun quatre onces, foit le tout detrempé dans fort
vinaigre, & adioufté deux blancs d'œufs, chaux viue

en poudre six onces, auec deux ou trois onces de farine de fourment, & du rout soit fait cataplasme pour
appliquer auec estoupe sur le mal, qui seront liées,
ayant mis vne compresse par dessous, baignee dans
le cataplasme, changeant ce remede deux ou trois fois
le iour, si le mal ne se peut resoudre pour ce que dessus, & vint à creuer, sera le mal pensé auec poudre d'a-
lun calsiné, noix de galle, vitriol & chaux viue, que
l'on mettra auec petits plumasseaux, & des estoupes
dessus.

pour Encasteleure. CHAP. XXXVI.

SOit au Cheual encastelé, donné vn fer à lunettes,
c'est à dire vn fer dont les talons seront couppez,
& n'en restera que la paince, tel fer oblige les talons à
s'eslargir, & soulage fort le Cheual, & apres quelque
temps bien l'espace d'vn mois que le Cheual aura por-
té tels fers, lors que l'on le voudra referrer, il faut que
le fer soit fort espois vers les talons que les Mareschaux
appellent esponge, ne sera mal à propos d'appliquer
entre les deux talons du Cheual, vn petit fer, fait en
cette forme & figure, dont la voute sera du costé du fer:
tel petit fer empesche que les talons ne se serrent, mais
plustost les eslargit, il faut que les fers que l'on donnera au Cheual soient forts d'esponge, & fort terues vers
la pince, il sera necessaire de frotter les ongles du Cheual de l'vnguent composé pour entretenir les ongles
du Chenal au quatriesme remede.

Pour Seme & Crapaudine. CHAP. XXXVII.

AVssi-tost que les Semes ou Crapaudines sont ouuertes, l'on y doit faire vn restrinctif compo-se de deux blancs d'œufs, & mastic puluerisé bien battus ensemble, sara mis sur la Seme, poudre de bois pourry auec vn peu d'estoupe, & le restrinctif susdit appliqué dessus l'espace de vingt quatre heures, apres lequel temps sera presenté vn fer chaud dessus, qui se ra mis doucement sur la Seme, & aussi tost mis par des-sus des orties pilees auec fort vinaigre, premier que de rien faire à ladite Seme, soit le fer couppé du costé de la seme & de l'autre costé aye l'esponge forte. il faudra penser ladite seme de trois iours en trois iours, & laisser le Cheual à l'escurie, & penser la seme de ce, qui ensuit.

Soit prins demie liure de terrebentine, galbanum, mastic, encens, myrthe, aloës de chacune vne once, huile d'oliue, suif de mouton, deux liures de chacun. il faudra fondre le galbanum auec vinaigre sur feu lent, & estant fondu, sera mis auec les autres choses puluerisées, le tout ensemble soit mis sur le feu, en re-muant tousiours ledit tout auec vne espatule de bois, & lors qne l'on verra la chose s'espaissir, sera osté du feu, en remuant tousiours le tout, afin de bien incorporer les choses susdites ensemble, tant que l'vnguent soit fait, il ne faut oublier [la seme estant guarie] de frot-ter la couronne du pied de l'vnguent pour entretenir les pieds des Cheuaux cy-apres descrit.

pour Crapaudine.

Soit prins souffre, ver de gris, argent vif, de chacun

vn gros, soir le tout bouilly auec vn peu de lessiue forte, & tiede soit laué le mal plusieurs fois.

pour Encloueures.   CHAP.   XXXVIII.

SOit le clou osté le plus promptement que faire se
pourra, & s'il n'y a boüe, soit mis dans le trou huile de noix toute bouillante

Autre Remede quand mesme il y auroit ordure ou boüe.

Soit l'encloüeure ouuerte du costé du fer, & rem-
plie de menu sel, sur lequel soit fondu lard flambant,
tant que tout le sel en soit couuert, & soit mis sur ledit
sel, lard, estouppes ou beurre, & le pied referré.   Les
orties griesches, pilées & mises dans l'encloüeure y
profitent, beaucoup de Mareschaux prennent du poil
du crin, si le Cheual est encloüé au deuant, & si c'est
au derriere à la queuë, en entournant le clou de l'encloüeure, puis le iettent au feu, & d'autant qu'il ne se
dit aucunes paroles n'ay fait difficulté de l'escrire.
Nota, que toutes les encloueures apres estre decouuer-
tes se doiuent soigneusement nettoyer.

Autre remede.

Aussi tost qu'aurez fait ouurir l'encloure, sera
fait chauffer vn peu d'huile de noix, pour ietter dans
l'encloueure, & vn quart d'heure apres sera prins de
ce qui s'ensuit. gomme helenij trois dragmes, huile
d'hypericum deux dragmes, cire blanche vne dragme,
le tout fondu ensemble sera adiousté sur la fin vne
dragme de terrebentine de Venise, & de bepansé l'encloueure, il ne faudra oublier de faire le restrinctif
sur la couronne du pied, composé de sang de dragon,

K iij

farine de febue, ou de froment, vn peu de canfre, &
du vinaigre, tant qu'il suffira, le restrinctif susdit se doit
faire à toutes encloueures.

pour entretenir les ongles ou sabot du cheual.

CHAP. XXXIX.

SOit prins suif de bouc demie liure, cire neuue
demi quarteró, lard fódu vne liure, autre lard fondu sur vne pelle rouge, demie liure, huile d'oliue deux
onces, il faut fondre le suif auec la cire, puis ietter le
lard fondu, & l'huille dedans, auec vn peu de terebe-
tine qui aura esté lauée dans de l'eau rose, huile rosat
vne once, & en ostant tout ce que dessus de dessus le feu,
y sera mis du ius de sezeau, tousiours mouuant le tout,
iusques à ce que le tout soit refroidy,

autre remede.

Soit prins demi picotin de froment que l'on sera
boüillir tant qu'il se creue sous les doits, lors sera iettée
l'eau, passant ledit froment par vn linge, ce qui aura
passé sera mis boüillir dans vn pot, auec ce qui s'ensuit
à sçauoir demie liu. suif de moutó, autant de cire neune,
demie liure d'huile d'oliue, vne once d'huille rosat, &
sur la fin y sera adiousté quatre onces de terrebentine,
escumant & remuant tousiours bien le tout, duquel remede sera frotté tous les iours la couronne du pied du
Cheual pour ceux qui l'ont mauuais, & de trois iours
l'vn les autres.

autre remede

Soit prins deux anguilles toutes viues, qui seront
escorchées, mises en pieces & bouillies dans trois cho-
pines d'huille d'oliue, tant qu'elles soient toutes con-

fommées, afin d'en oster les arteftes, dans laquelle huile fera adioufté vne liure & demie de fuif de mouton,
vne liure de feing doux, demie liure de terrebentine de
Venife, demie liu. de cire neuue, & remettât le tout fur
le feu, faudra fans ceffe mouuoir lefdites chofes, fi l'vnguent eft trop efpois, l'on y pourra adioufter de l'huile,
s'il eft trop mol, de la cire : tel vnguent eft fort propre
pour les pieds des Cheuaux.

autre remede pour faire venir bon pied aux cheuaux,
quand mefmes il y auroit cercles.

Eft neceffaire de couper ou rapper les cercles de trauers, auec vn fer chaud, lime ou couteau, ce que fait, feront mis les pieds du Cheual dedans l'vnguent cy apres.

Soit prins chopine de vin blanc, cire neuue, & miel
d'echacun demie liure, furpoint trois onces, deux poignées farine de febue, fuif de mouton fix onces, terebentine trois onces, & autant qu'il fe monte tout ce
que deffus, de fiente de vache, foit le tout bouilly dans
vn pot, il faudra auoir vne petite botte, en laquelle on
mettra lefdites chofes, puis mettre le pied du Cheual
dedans, & enfermer le fabot côme s'il eftoit dans vne
bourfe, il faut que le Cheual foit defferré, & le pied
bien paré au croiffant de la Lune, & tenir le pied dans
lefdites chofes, l'efpace de quinze ou vingt iours, & a-
pres auoir ofté le pied de ladite botte, au bout des vingt
iours fera laiffé quatre iours premier que de le ferrer,
afin de luy affermir le pied.

R emede pour faire reprendre la corne au Cheual, quand
bien l'apoftume fera montée au poil.

Soit prins blanc d'œufs, alun de roche en poudre

fubtilement puluerisé, incorporez le tout enfemble,
pour faire emplaftre, qui fera mis fur le mal & laiffer
vingt quatre heures, & au bout d'icelle fera derechef
appliqué ledit emplaftre, & lors l'on verra l'effect.

pour les Cheuaux qui ont les pieds foibles , & le talon bas.

Soit le Cheual ferré d'vn fer qui foit foible & terne
de la painfe, & efpois des efponges, & fes pieds fouuent lauez eftant reüenu du trauail, de bon vinaigre
tiede.

pour les crins & queue du Cheual. CHAP. XI.

SOient prinfes feuilles de Noyer ou d'Aulne que
l'on feta tremper dans de l'eau & d'icelles foiét lauez les crins & queuës des Cheuaux, à faute de feuilles
les racines y font propres.

Autre remede.

Soit prins racine de cane ou rofeau, que l'on fera
bouillir dans de l'eau, de laquelle l'on lauera les crins
& queuës des Cheuaux.

Autre remede pour faire venir le poil aux Cheuaux ou il leur en manque.

Soit prins vne vieille piece de velours, ou autre eftoffe
de foye, la plus vieille & graffe eft la meilleure, qu'on
fera brufler, foit la cendre mife dans l'huile d'oliue
Pour s'en feruir, ou foient prifes mouches à miel pilées
& mifes fur le lieu où il y aura manque de poil, lefdites mouches incorporées auec femence de lin cuit, &
huile, y font fort bonnes.

                                        Autres

Autres bons Remedes neceſſaires & pratiquez.

Pour engraiſſer Cheuaux. CHAP. XLI.

DE grand matin ſera donné au cheual maigre
que l'on veut engraiſſer, ſon de froment, preparé en cette ſorte, & ainſi qu'il a eſté dit cy deuant,
afin d'oſter les plus gros flegmes, ledit ſon ſe prepare
en cette façon.

Soit prins deux bons ſceaux d'eau que l'on fera
boüillir à grand boüillon, dans leſquels ſera jetté vn
quart de ſon de froment, & oſté du feu, eſtant deue-
nu tiede ſera fait des plottes dudit ſon, qui ſeront données à manger au cheual, le plus chaud qu'il pourra; & à l'heure de ſon boire luy ſera donné l'eau où
aura boüilly ledit ſon, luy continuant ce traitement
l'eſpace de huit iours; apres leſquels luy ſera donné
dans ſon auoine de la poudre compoſée de ce qui
s'enſuit.

Soit pris fenu grec, ſileris montani, graine de lin, de
chacun deux onces; cloux de girofle, noix muſcàdes,
gingébre, canelle, de chacun vne once, ſoulphre vif, ariſtoloche ronde, de chacū 2. onces, agaric, chardō benit,
trois onces de chacun, cardamomi deux onces, myrre
luiſante 2. onces, ſaffran vne once, tout ce que deſſus
ſoit pulueriſé, pour eſtre mis dans l'auoine du cheual, la valeur de deux cuillerées, à chaque fois, ſi c'eſt
pour vn grand cheual Si apres auoir beu on jette au
cheual quelque poignée de froment, dans lequel il y
aye le tiers de febues, le cheual en engraiſſera bien

L

plutoſt, ſi à la ſuſdite poudre l'on adiouſte galanga
demie once, fenoüil, regueliſſe, coriandre & anis, de
chacun deux onces, elle en ſera meilleure.

Autre Remede pour engraiſſer cheuaux.

Soit prins ſeigle enuiron dix ou douze picotins, &
boüilly en eau tant qu'il ſe défaſſe, laquelle ſera donnée à manger au cheual vn picotin, auſſi-toſt apres
qu'il aura mangé ſon auoine, ſuffira de donner au cheual vn picotin d'auoine au matin, & deux au ſoir: pour
faire mieux manger le ſeigle, il faudra mettre vn peu
de ſon de froment dedans: il faudra donner au cheual
pour ſon boire, de l'eau blanche vn peu tiede; apres
que le cheual aura mangé quelque huit iours dudit
ſeigle, le faudra ſaigner au col: ſuffira de donner au
cheual quinze iours du ſeigle ainſi preparé; & quinze
iours ou trois ſemaines apres, il faudra faire boüillir
quelque boiſſeau de froment, pour luy en donner
quelque petite poignée à toutes les heures qu'on en-
trera en l'eſcurie, & ce l'eſpace de trois ſemaines, & le
bien traiter de foin & d'auoine.

Poudre tres-excellente & vtile pour les cheuaux
que l'on void deſgouſtez, auſquels on craint arriuer
maladies, & qui eſt propre pour les tranchées, pour
la morfondure, & autres infirmitez que le cheual peut
auoir dans le corps; elle ſe peut donner par potions,
la valeur d'vne cueillarée, ou dans l'auoine, ſi c'eſt
par potion, il faut que ce ſoit en vin blanc l'hyuer, &
en eſté en eau roſe: pour faire ladite poudre ſera pris
ce qui s'enſuit, baye de laurier, regueliſſe, gentienne,
ariſtoloche ronde, mire, raclure de corne de Cerf, de

chacun quatre onces, femence d'anis & fenoüil, de
chacun deux onces, coriandre trois onces, femence
contre les vers, ou femen contra quatre onces & demie, femence d'orties quatre onces & demie, poudre
de tuffilago fix onces, canelle demie once, hyffope
deux onces, agaric nouuellement trocifqué vne once:
toutes les fufdites chofes feront mifes en poudre, pour
eftre donné au cheual indifpofe en la maniere fufdite.

*Pilures purgatiues pour donner aux Cheuaux quand ils
ont de l'indifpofition.* CHAP. XLII.

SOit prins bon agaric laué en eau de rofe incar-
nate vne once, canelle deux dragmes, hermoda-
tes, & turbit, de chacun demie once, anis deux dragmes, incorporez le tout enfemble, auec racleure de
lard, qui aura trempé trois iours dans de l'eau qui
aura efté changée par trois ou quatre fois; & de ce
feront faites pileures qu'il faudra couurir de poudre
de regueliffe, pour les mieux faire prendre au cheual; & auffi toft apres l'on luy fera prendre vne chopine de vin blanc ou clairet : il faudra auoir foin de
faire couurir le cheual : le cheual doit eftre bridé
premier que de prendre les pileures fufdites dés minuit ; & apres auoir prins icelles, demeurera quatre
heures bridé, ne boira pendant cette iournée, ny de
trois iours apres que de l'eau blanche. *Nota*, que cette
doze eft pour vn grand cheual ; & fi c'eft pour vn
moyen ou petit, l'on en pourra ofter le tiers, ou la
moitié.

Purgation ordinaire.

Soit prins deux liures de lard bien gras , mincé à petits morceaux , que l'on fera tremper dans vn feau d'eau , & changer en vingt quatre heures fept ou huit fois ; & apres l'auoir tiré, feront d'iceluy preparées des pileures, le lard ayant efté bien battu , dans lefquels fera mis vn billon de foulphre, prefque de la grandeur d'vne paulme, qui fera mis en poudre , miel rofart fix onces , farine d'orge , poudre d'anis & fenoüil , de chacun demie once , & de tout feront faites pileures pour grand cheual ; pour vn petit il en faut moins ; doit le cheual eftre bridé toute la nuit.

Pour Cheual fort malade.   CHAP. XLIII.

SOit prins fauge franche vne bonne poignée, boüillie en vne chopine de vin blanc , puis paffer le tout en vne feruiette, adiouftant dans la coulature demie once anis en poudre, vne once de fenoüil, deux onces de coriandre, le tout bien puluerifé; foit le tout donné au cheual.   *Autre Remede.*

Soit prins vne bonne pinte de vin blanc , deux onces de caftonnade, caneile, clou de girofle, fucre candy , de chacun vn once, faffran deux dragmes , foit le tout reduit en poudre , & dans le vin diffout miel rofart vn quarteron, mithridat deux onces, & toutes les poudres fufdites eftant bien meflées, foit le tout donné tiede au cheual. Ne fera mal à propos fi le cheual ne veut manger , de luy mettre en la bouche , & luy faire ronger vn nerf de bœuf, qui aura trempé dans la compofition cy-apres, que les Marefchaux appellent Arman.

Soit prins vn quarteron de miel rofart, de la mie de pain blanc raffis, mufcade, coriandre, canelle, le tout en poudre, fucre fin vne once, & quelque peu de verjus pour diffoudre le tout.

Autre Remede.

Soit prins vne poule bien graffe qui fera découppée par morceaux, puis boüillie tant que la chair fe défaffe toute; & lors faudra ietter le tout dans vne feruiette en bien compreffant la chair, pour en tirer deux liures de coulature, dans laquelle vous diffoudrez fept ou huit jaunes d'œufs, quatre onces conferue de rofes liquides, fucre rouge, ou caftonnade fept onces, eau rofe cinq onces, & de ce donnerez au cheual vne liure & demie, ou deux à diuerfes fois le iour. Confiderant la taille du cheual, l'vfage de ce remede, auec les cly-fteres nourriffans cy apres defcrits, font tres bons pour remettre quelque bon cheual fort malade, vfant vn iour de la potion, & l'autre du clyftere.

Poudre tres-excellente pour cheuaux defgouftez ; elle eft bonne pour les tranchées, morfondure & vieille toux, mefme aux cheuaux pouffifs : il en faut donner au cheual dans fon auoine la valeur d'vne cueillerée ; on peut en donner aux cheuaux en demy feptier de vin blanc l'efté, & l'hyuer en eau rofe, & julep rofart.

SOit pris baye de laurier, regueliffe, gentianne, ariftoloche ronde, mire, rapeure de corne de cerf, de chacun quatre onces; femence d'anis & fenoüil, de chacun deux onces; coriandre trois onces, femen con-

tra, autrement poudre aux vers, quatre onces & demie, femence d'orties trois onces & demie, poudre de
tuſſilago ſix onces, canelle demi-once, femence d'hyſ-
ſope deux onces & demie, agaric nouuellement trociſqué vne once ; ſoit le tout mis en poudre ſubtile
pour en donner au cheual.

Pour battement de Cœur.   CHAP. XLIV.

SOit prins eau de plantin, eau de chicorée ſauuage,
eau roſe, eau de papon ou papauereaux, de chacun
trois doigts & plus, ſi le cheual eſt grand, & le tout
mis enſéble ſera donné au cheual : quelquefois le bon
vin donné au cheual, auec cloux de girofle & ſuc de
bugloſe luy profite fort: trente ou quarante grains de
poivre, auec quelque demie once de myrrhe ; le tout
meſlé auec bon vin, eſt vn bon remede.

Breuuage pour Cheual qui bat des flancs. CHAP. XLV.

SOit prins demi-douzaine de jaunes d'œufs, vn
quarteron de ſucre, demie liure d'eau roſe, vne
pinte de laict, & tout meſlé enſemble, ſoit donné au
cheual, & apres promené.

Pour Cheual qui a grand battement de flanc, & qui jette par le nez vne ſale & vilaine humeur puante, qui cauſe vn grand dégouſtement au Cheual.

SOit prins mauues, guimauues, parietaire, branche
vrſine, mercuriale, violes, bettes, de chacun deux
poignées, camomille, melilot, de chacun deux poignées, polypode, querſin vne once & demie, anis &

fenoüil de chacun deux onces, coloquinte deux onces ; foit le tout boüilly auec eau, & dans la coulature
foit diffoute benedicta laxatiua, vne once & demie,
& hierapigra, & diafenicum de chacun vne once, miel
commun, huile de lis, d'oliues, & de noix, de chacun
quatre onces, fel broyé quatre onces ; dont & de tout
foit fait clyftere pour donner au cheual ; & l'ayant
rendu faudra luy faire vfer d'vn clyftere compofé de
laict de vache vne liure, huile d'oliues demie liure,
pour tenir le ventre libre de vingt quatre heures en
vingt quatre heures. Le cheual ne doit manger aucune auoine ; fuffira luy donner quelque peu de fon
moüillé fi le clyftere fufdit eft donné le matin, il luy
faudra faire vfer de la decoction pectoralle au foir ; fi
c'eft au foir qu'il prenne le clyftere, il luy en faut faire
prendre le matin. Deuant boire luy faudra mettre vn
billot à la bouche enueloppé de drappeau qui foit
frotté d'huile de laurier.

Decoction pectoralle.

Soit prins fucre rouge, regueliffe, raifins de damas,
iuiubes, pruneaux, dattes, trois liures de chacun, farine
d'orge vn picotin, foit le tout boüilly enfemble dans
vn chaudron plein d'eau, tenant quelques trois feaux
ou enuiron, iufques à ce que l'eau foit diminuée du
tiers ; & apres auoir le tout paffé par l'eftamine, ayant
jetté le marc, fera donné de ladite decoction pectoralle au cheual, la valeur d'vne pinte, faifant ieufner
le cheual trois heures deuant ; & trois heures apres
il ne faudra donner au cheual que du fon moüillé au
lieu d'auoine. l'on pourra faire vfer au cheual d'icelle

decoction, par l'efpace de huit iours, vne pinte à chaque fois qui luy fera donné auec la corne.

Clifteres. CHAP. XLV.
Clifteres nutritif pour vn cheual maigre.

SOit prins laict de vache vne liure & demie, ou
deux liures, felon la grandeur du cheual, miel
commun fix onces, iaunes d'œufs fix, le tout bien diffout enfemble fera donné au cheual.

Autre Clyftere nourriffant.

Soit prins decoction d'orge mondée conuertie
comme en crefme vne liure & demie, dans laquelle fera mis demi feptier de bon vin, & donné au cheual.

Autre Clyftere nourriffant.

Soit prins la decoction de deux bons poulets gras,
trois iaunes d'œufs, demy feptier de vin blanc, & foit
donné au cheual.

Clyftere laxatif.

Soit prins parietaire, camomille, melilot, mercuriale, mauues & guimauues, de chacun trois poignées, &
le tout boüilly en eau, en fera tiré de la decoction vne
bonne pinte, dans laquelle fera mis demi liure d'huile
d'oliue, vn quarteron de miel, deux onces de caffe, le
tout diffout auec chopine de verjus, foit donné tiede
au cheual.

Clyftere aftringeant & refrigeratif.

Soit prins parietaire, melilot, camomille, de chacun
trois poignées, dont l'on tirera chopine de decoctió,
fera adioufté en icelle laict de vache, & trois ou quatre

tre iaulnes d'œufs qui feront diffouts dans ladite decoction, & foit donné tiede au Cheual.

Clyftere Refrigeratif.

Soit prins mauue, guimauüe, violles, laituës, feuilles
de gougourde, concombre ou de melon, de chacun
vne poignée, feméce de citroüille, concombre, gour-
gourdes & de melons, de chacun demie once, fleurs
de violes & de buglofle, de chaun deux poignées,
foit le tout mis en decoction, de laquelle decoction,
fera prins vne liure, adjouftant en icelle miel, & fucre rouge vne once, huile violat quatre onces, & tiede, foit donné au Cheual; tels clifteres font propres
pour les Cheuaux bruflant dans le corps, qui ont la
fiebure & battement de cœur, ou qui ont efté ef-
chauffez pour auoir trop trauaillé pendant les chaleurs.

Huile pour toutes douleurs de nerfs.

CHAP. XLVII.

Soit prins cinq pots d'huile d'oliue, cinq ou fix
petits chiens, des plus petits & jeunes que faire
fe pourra, qui feront jettez tous vifs, dans ladite huile
d'oliue, adjouftant en icelle vne douzaine de ferpens,
a qui on aura couppé la tefte & la queuë, & ofté les
tripes, vne pinte de vers de terre autrement lefche,
qui auront efté bien lauez dans du vin blanc, & icelles efgoutez, trois ou quatre douzaines de limas rouges, ou limafles, qui auront efté bien lauez en vin
blanc & efgoutez, fleurs de mille pertuis fix poignées, trois poignées de racines de guimauue bien
lauées dans vin blanc, terrebentine & graifle d'Oye,

M

de chacun trois onces; faut faira le tout bien confom-
mer au bain marie, tant que toute l'humidité foit con-
fommée, & paffer le tout par vn linge, pour le ferrer
dans vn vaiffeau de verre, afin de s'en feruir au befoin.
Il faudra frotter la partie dolente auec vn linge chaud,
premier que d'y appliquer ladite huile.

Pour faire Baulme ver pour toutes playes
CHAP.   XLVIII.

SOit prins huile d'oliue vne liure, oliban maftic,
rofine, terebentine, de chacune vne once, galbanum ver de gris, de chacun demie once, toutes lefquelles chofes on mettra tremper l'efpace de vingt
quatre heures dans ladite huile d'oliue, excepté le ver
de gris, foit le tout cuit á petit feu, tant qu'il ne fume
& n'efcume plus, remuant tousjours le tout auec vn
baftô. Et en l'oftant du feu fera meflé ledit ver degris
de poudre fubtile, & de rechef remis fur le feu, prenant bien garde qu'il ne brufle, eftant cuit, fera le tout
paffé par vn linge, & mis dans vn vaiffeau de terre de
Beauuais, ou pot verniffé. Pour en vfer, faut le chauffer & en mettre dans la playe, & mettre charpie : ou
drappeau deffus qui aura efté trempé dans ledit baul-
me affez chaud, fi c'eft en lieu où l'on puiffe mettre
des compreffes, ce fera bien fait.

Pour faire fuppurer vne playe.
CHAP. XLVIII.

SOit prins vn ou deux jaunes d'œufs, ou trois onces de terebentine, lauée en eau rofe, huile violat, à difcretion, foit le tout battu enfemble, dont fe-

ra fait onguent. qui fera mis fur la playe auec eftoupes, puis fera moudifiée la playe de ce qui s'enfuit.

Pour mondifier playes. CHAP. I.

SOit prins ius d'ache, en Latin apium, demie liure, farine d'orge bien fubtile deux onces. Soit le
tout boüilly enfemble en façon de boüillie, & quand
le tout fera demi-cuit, y fera adjoufté trois onces de
terebentine, & trois onces de miel commun, le tout
eftant bien cuit l'on s'en feruira pour mondifier.

Pour mondifier & incarner playes. CHAP. LI.

SOit prins vnguentum aureum cinq onces, jus
d'apium vne once, myrre, miel, mercurial aloës
& miel rofart de chacun vue once, ariftoloche ronde
puluerifée, demi-once, farine d'orge demi-once, &
de tout ce que deffus foit fait vnguent pour mettre
fur la playe, deux fois le iour auec eftoupes.

Pour faire manger chair furmontante. CHAP. LII.

SOit calciné alun fur la pelle toute rouge, de la poudre du quel fera mis fur la chair furmontante, tant
que ladite poudre ait mangé ce qui fera neceffaire.

M ij

Pour promptement deſſeicher vne playe
CHAPITRE LIII.

Soit prins romarin qui aura eſté deſſeiché à l'om-
bre, duquel ſera fait poudre qui ſera ietté ſur la
playe, ayant icelle premier eſté lauée auec vin ou vi-
naigre·

Pour douleur d'eſpaule.   CHAP. LIV.

Soit le Cheual promptement ſaigné des erts du
coſté dont il a la douleur & clope, & dans ſon ſág
ſoit ietté ſang de dragon huit onces. bolarmenic vne
liure, vne douzaine & demie d œufs farine de fromét
à diſcretion dont ſera fait charge ſur la partie, il faudra entrauer le Cheual pour qu'il tienne ſes pies ioints
& egaux, Ayant gardé la charge vn iour, ſera dechar-
gé auec le bain compoſé de ce qui enſuit.
Soit pris vin vermeil tres-bon, ſaulge, ruë & romarin,
camomille & melilot, menthe de chacun vne poignée, miel vne liure, & ayant le tout bouilli enſemble
ſera fait bain au Cheual, le plus chaud qu'il le poura
endurer, ſoit reiteré par trois ou quatre iours, ſi le
Cheual ne guariſt du tour ce remede, luy fera vne
emmieleure compoſée de ce qui s'enſuit.

Soit pris huit onces de ſenegré en poudre, autant
de graine de lin, auec autant de commun, le tout en
poudre, graine de laurier quatre onces en poudre,
ou concaſſé, galbanum quatre onces, cire neuue ſix
onces, miel commun quatre onces, terrebentine vne
liure fleur de camomille deux onces, poudre de roſe
deux onces, melilot en poudre vne once, calamente
vne once, beurre frais quatre onces, dialtea vne once,

martiatum vne once, agrippa deux onces, fleur de froment huit onces, ou plus fi befoin eft, poix de bour-
gongne quatre onces, poix noire deux onces, foit tout
ce que deffus bien détrempé auec vin vermeil, puis
cuit au feu pour faire emmielleure, afin de charger le
Cheual.

Pour Cheual efpaulé.

Soit prins beurre frais, vnguent dialtea, & agrippa
de chacun demie liure, anis vne liure, huile d'oliue vne
liure, demie liure de graiffe de tefton, huile rofart fept
onces, foit le tout bouilly enfemble: adiouftant deux
onces miel commun, encens & maftic chacun vne
once, foit du tout fait vnguent duquel fera frotré l'é-
paule, le plus chaud que faire fe pourra, à contre poil,
puis foit prefenté à l'efpaule de loin pour faire pene-
trer ledit vnguent, vne pelle rouge, continuant ce remede l'efpace de huit iours deux fois le iour, il faudra
premier que faire ce remede faigner le Cheual, & l'entrauer comme deffus.

Autre remede pour heurture d'efpaule, foit par cheute ou effort quand le Cheual fe deuil.

Soit au cheual la iambe ou il aura mal pliée & atta-
chée au col, auec vne platte longe, & faire marcher le
Cheual s'il peut, auec les trois autres iambes.

Autre remede.

Soit le Cheual fi toft que l'on l'apperçoit clopper
pour auoir fait quelque effort, mené à la riuiere, &
fait nager le plus longtemps que faire fe pourra, contre le courant de l'eau.

Autre remede pour toute douleur d'espaule en quelque
façon que ce soit.

Soit prins comme deſſus, beurre, dialtea,& agripa,
de chacun demie liure, panis vne liure, huille d'oliue
demie liure, graiſſe de regnard ou blereau demie liure
huile roſart demie liure, moüelle de Cerf demie liure,
& à defaut d'icelle de taureau, miel vne liure, terebentine
quatre onces, ſoit le tout boüilly enſemble, & en
faites onguent liquide en façon de ſaulſe, auquel l'on
adjouſtera trois onces de commun en poudre, encens
vne once, trois onces huille d'aſpic, & deux onces petrolle,
& de tout ce que deſſus ſera frotté l'eſpaule
tousjours à contrepoil, tous les jours vne fois pour le
moins. Il faut faire nager le cheual à ſec premier que
de le frotter deux ou trois matins, puis luy tirer du
ſang du coſté de ſon mal, & vſer dudit onguent, comme
dit eſt, ſi l'on fait nager le Cheual auant que d'eſtre
frotté, il s'en portera mieux.

Bonne emmielleure pour les Iarrets.

Soit prins ſenegré en poudre, ſemence de lin & cōmun,
huit onces de chacun, graine de laurier quatre
once, galbanum ſix onces, cire neuue quatre onces
miel commun vne liure, terebentine deux onces, fleur
de camomille deux onces, poudre de roſe vne once,
melilot vne once, calamite, beure frais quatre onces,
vne once dialtea, vne once huile de laron, deux onces
d'agrippa, huit onces de fleur de froment, poix graſſe
quatre onces, poix noire deux onces, faut le tout
faire cuire auec bon vin vermeil ſur petit feu, pour
faire emmielleures.

Pour foulure ou blesseure sur le dos, CHAP. XLVII.

Soit prins eau fraiche vn feau, & d'icelle foit grandement lauée la partie foulée ou bleffée : puis
faudra jetter deffus du fon de fourment, & laiffer iceluy fur le mal.

Le vinaigre où aura boülly du foulphre eft fort bon
pour lauer les fouleures du dos du Cheual, pourueu
qu'elle ne foit entamée.

Autre remede, & pour meurtriffeure bubons,& apoftumes.

Soit prins de l'huile d'hipericum, huile rofat deux
onces de chacun, populeum quatre onces, regaliffe
coriande,commun fenoüil, anis, vne once de chacun
en poudre, faut le tout incorporer enfemble fur le feu,
auec miel commun, tant qu'il fuffira pour appliquer
fur le mal.

Pour Cheual qui a des vers aux corps, quil empefchent
d'engraiffer. CHAP. XLVII.

Soit prins huile de noix vne chopine, & plus felon
la taille du Cheual, dans laquelle fera jetté jus de
poirée ou poireaux cinq ou fix onces, & foit donné au
Cheual ayant efté bridé des le foir, & ne foit débridé
iufqu'à vefpre que l'on luy prefentera à manger fon
moüillé ou autre chofe, & donné eau blanche.

Autre Remede à mefme effect.

Soit prins demie liure de beurre frais, vne ou plus
de bon aloës qui fera mis en poudre, & iceluy incorporé auec partie du beurre, en fera fait pillures pour
donner au Cheual, icelles couuertes du refte du beurre, pour en cacher l'amertume.

Pour deſſoler le cheual.

L'on eſt obligé par fois de deſſoler les Cheuaux par
accidens à eux ſuruenus, ſoit pour fouleure, forbeure;
encaſteleure, qu'autre choſe.

Pour ce faire, ſoit la ſole decernée auec reynette, ou
autre inſtrument, & la ſole leuée & oſtée.   Pour empeſcher la trop grande abondance de ſang, ce ſera
bien fait de faire vne eſtroite ligature au paturõ, pour
que le ſang n'empeſche de lauer la playe, & cognoi-
ſtre le mal qui peut eſtre au petit pied : l'on doit pour
lauer ladite playe, prendre de fort vinaigre, dans lequel on aura diſſous quelque peu de ſel, bien la valeur
d'vne once, & plus. Ce fait, ſera fait des tortillons d'e-
ſtoupe, vn peu plus gros que le poulce, & de la grandeur d'vn doigt, leſquels apres auoir eſté ſaucez dans
le reſtrinctif cy apres, compoſé de bolarmenic, ſang
de dragon, ſuye de cheminé, ſel broyée, alun & vitriol
calcinez eſtant le tout mis en poudre ſera icelle poudre incorporée auec blãc d'œuf pour faire le reſtrinctif ſuſdit : Ayant ce fait, ſerõt propremẽt arrãgez leſdits tortillõs dãs le pied du cheual, en façõ qu'ils cou-
urent tout le petit pied, ſans qu'il en paroiſſe rien, &
apres auoir mis vn peu du reſtrinctif ſuſdit ſur leſdits
tortillons, ſera mis des templettes par le deſſus, afin
d'empeſcher que la ſole ne ſe leue : Sera néceſſaire de
bien remplir le talon, afin qu'il ne ſe ſerre trop, &
apres auoir mis quelque eſtoupe ſur les templettes,
ſera le fer attaché au pied auec deux ou trois cloux, &
laiſſé l'eſpace de deux fois vingt-quatre heures, ſans y
toucher, au bout deſquels ſera l'appareil releué en vn
                                                    autre

atrue fecond, mis en la mefme forme que deffus, qui
fera laiffe vingt-quatre heures, au leuer duquel fera ié-
té fur la fole quelque peu de poudre de tartre, meflée
auec poudre d'alun & vitriol calcinez: Pour adoucir
la playe, fera fait vnguent compofé de terrebentine,
maftic, encens galbanum, cire neuve, de chacun deux
onces, bolarmenic & fang de dragon, de chacun vne
once, & le tout mis fur feu lent, fera douce ment in
corporé enfemble, adiouftant fur la fin fang de bouc
ou de mouton à deffaut, vne once & demie, poix grecque deux onces, duquel vnguent fera mis fur la fole
pour l'adoucir eftant vn peu chaud, & par deffus fera
mis vne bonne compreffe. Des eftoupes cachées bien
menu bouillies auec du miel, & appliquées fur la fole
font fort bonnes, ne pouuant trouuer de ce que deffus. Plufieurs Marefchaux fe contentent apres auoir
defolé vn cheual, de mettre dans le pied force fel menu, meflé auec iaune d'œuf, & des tortillons & eftoupes par deffus. Eft a notter qu'il faut & eft neceffaire
à toute deffolure generallement de faire vn bon defenfif tant fur la couronne du pied que fur le fabot,
iceluy defenfif doit eftre compofé de bol armenic,
fang de dragon, miel & fort vinaigre,

Vray moyen pour voir des cheuaux gras & bien
penfez:

Pour auoir des cheuaux gras & bien penfez ils doiuent eftre traitez & penfez à la mode cy apres.

Et pour cet effet, doiuent les Maiftres comander à
leurs Palfreniers de donner tous les matins à chaque
Cheual vne mefure d'auoyne, & quelque poignée de

N

foin premier que de les mettre au filet pour les péfer

Ayant les cheuaux mangé ce que deſſus, doiuent
iceux eſtre tournez & mis audit filet, pour y eſtre pa-
ſez de l'eſtrille, broſſes & bouchon, ſans aucune pa-
reſſe, n'oublians les palfreniers leurs epouſettes pour
s'en ſeruir au beſoin, ce fait doiuent les chemaux eſtre
rebouchonnez d'vn morceau de drap vn peu mouilé
afin d'oſter auec ledit drap la craſſe que le bouchó de
paille n'auroit pu emporter : Doit auſſi eſtre paſſé le
couſteau ou faux ſur le póil des cheuaux pour couper
certain rude poil que le couſteau de l'eſtrille n'auroit
pu abbatre : Apres tout ce que deſſus, la main des palfreniers vn peu mouillée doit eſtre paſſée ſur le poil
des cheuaux, en le preſſant touſiours aual poil : icelle
ſert à rendre le poil plus beau & poly. Tout ce que
deſſus fait, les cheuaux ayant eſté peignez & eſſuyez,
doiuent eſtre oſtez du filet, afin de manger quelque
peu de foin premier que d'eſtre menez à l'eau.

Au retour de l'eau doiuent les cheuaux eſtre éſuiés
& l'eau de leurs iambes auallées, premier que de les
débrider, & apres eſtre débridez , doit eſtre ierte deuant eux quelque petite iointée de froment , & vn
peu de foin en attendant l'auoine de leur diſner, laquelle auoine doit eſtre touſiours donnée à meſme
heure ſi faire ſe peut, d'autant qu'icelle paſſée les cheuaux ne font plus qu'eſcouter & s'ennuyer.

Leurdite auoine mangée leur doit eſtre donné
quelque peu de foin , & demie heure apres doiuent
eſtre mis au filet , iuſques à ce qu'ils ayent eſté panſez
pour la ſeconde fois à la mode ſuſdite.

Pour le reste de la iournée doiuent les cheuaux estre traictez de foin & froment comme dessus : quelque peu de poix & feve meslez ouec orge donnez au lieu du fourment susdit leur est tres-bon, en donnant de l'vn, l'on ne doit donner de l'autre.

Le soir venu doit estre donné l'auoine aux cheuaux, auec quelque peu de foic, attendant qu'il leur soit fait lictiere, laquelle faite leur sera donné leur foin pour la nuit, & apres auoir esté essuyez, seront laissez reposer.

Chaque palfrenier peut panser trois cheuaux, de les charger de plus, ce seroit trop pour les bien panser.

Ordinaire des Cheuaux:

Doit à chaque grand cheual estre donné six mesures d'auoine, à sçauoir vne au matin, deux a disner, & trois à souper. Pour le foin en doit estre donné peu, & force gerbées, trop donner de foin aux cheuaux ne leur profite : les cheuaux le perdent & en deuiennent poussifs : les cheuaux de legere taille doiuent plus manger de paille de froment que de foin, principale-ment les cheuaux d'Espagne.

FIN,

Vnguen pour les pieds

Il faut prendre du ius de plantin, du suif de mouton vne liure, de beurre frais vne liure, quatre onces de cire neufue, vne once d'olibani, therebentine trois onces, huile d'oliue six onces, & le tout faire bouillir iusques à ce que le ius de plantin soit consommé.

Cataplame remolitif pour vn coup de pied

Faut prendre du vin & le faire chaufer: puis y mettre du miel, farine de lin, farine fine de froment, grefe terebátine, mettre le tout feparement apres auoir vn peu chauffé l'appliquer fur le mal auec gros papier, le tout chaud.

Pour faire venir le crain aux cheuaux la ou il manque.

Soit pris vne vieille piece de velours ou autre eftofe de foye plus vieille ou graffe la faire bruler fa cendre mife dans l'huile d'oliue & puis appliquer ledit vnguent ou le poil manque.

Autre.

Soient prifes mouches à miel pilées & mifes là où il manquera de poil lefdites mouches incorporées auec femenfe de lin cuit, ou d'huile y eft forr bon.

Pour engraiffer les cheuaux.

Soient prins deux boiffeaux d'eau la faire bouillir à grand bouillon, y ietrer vn quart de fon de froment & l'ofter de deffus le feu, eftant deuenue tiede en donnera des pelotes.

TABLE GENERALE DES PRINCIPALES

MATIERES CONTENVES EN CE LIVRE DE LA
Connoiffance des Cheuaux & de leurs
Maladies.

PREMIERE PARTIE.

SECONDE PARTIE

TROISIESME PARTIE.

Des Maladies des cheuoux. & guerifon d'icelles.

POur l'œil qui a receu
coup, qui eft enflé &
pleurant.   25.

Table des Matieres.

O

AV LECTEVR.

AMY LECTEVR, forcé par mes amis de mettre sur la Preſſe ce mien petit Oeuure, te ſupplieray m'excuſer, ſi ne te le fay voir plus poliment eſcrit; l'Oeuure ſort d'vn Chaſſeur, & non d'vn Orateur: C'eſt pourquoy y trouuant quelque defaut, le corrigeras, s'il te plaiſt, ſans enuie; & ſi peux faire dauantage pour le public, l'obligeras, & moy à demeurer,

AMY LECTEVR,

Ton affectionné ſeruiteur,
R. B. G. T.

A MONSIEVR DE ROVVRAY
ſur le ſujet de ſon Liure.

COmme il eſt bien ſeant aux valeureux Genſdarmes
De parler des combats, des ſieges, des allarmes:
Et à l'expert Nocher citoyen de la Mer:
De diſcourir des vents, & comme il faut ramer:
Ainſi (mon cher ROVVRAY) ayant à ton jeune âge,
Apprins à bien dreſſer les Cheuaux au manage,
Et ſoigneux recherché leur valeur & defauts,
Auec mille ſecrets pour ſecourir leurs maux,
Il te conuient fort bien d'en auoir fait ce Liure,
Qui montre ton eſprit, & ton nom ſera viure,
Tant que les Cheualiers aimeront les Cheuaux,
Et qu'ils s'en ſeruiront aux combats martiaux.

Par I. BARET, Eſcuyer
Sieur du Coudré.

www.ingramcontent.com/pod-product-compliance
Lightning Source LLC
Chambersburg PA
CBHW071220200326
41519CB00018B/5609